青海省地方标准

水利工程(水库、堤防、灌区)管护定额

DB 63/T 2060-2022

主编单位:青海省水利工程运行服务中心
　　　　　黄河水利委员会黄河水利科学研究院
批准单位:青海省市场监督管理局
施行日期:2023 年 1 月 1 日

黄河水利出版社

2022 　郑州

图书在版编目(CIP)数据

水利工程(水库、堤防、灌区)管护定额/青海省水利工程
运行服务中心,黄河水利委员会黄河水利科学研究院主编. —
郑州:黄河水利出版社,2022.12
ISBN978-7-5509-3508-2

Ⅰ.①水… Ⅱ.①青…②黄… Ⅲ.①水利工程-工程管
理 Ⅳ.①TV

中国版本图书馆 CIP 数据核字(2022)第 251664 号

出 版 社:黄河水利出版社
　　　　地址:河南省郑州市顺河路黄委会综合楼 14 层　邮政编码:450003
发行单位:黄河水利出版社
　　　　发行部电话:0371-66026940、66020550、66028024、66022620(传真)
　　　　E-mail:hhslcbs@ 126. com
承印单位:河南瑞之光印刷股份有限公司
开本:850mm×1 168mm　1/32
印张:3. 75
字数:94 千字
版次:2022 年 12 月第 1 版　　　　印次:2022 年 12 月第 1 次印刷
定价:18. 00 元

前　言

本文件按照 GB/T1.1—2020《标准化工作导则　第 1 部分：标准化文件的结构和起草规则》的规定起草。

本文件由青海省水利厅提出并归口。

本文件起草单位：青海省水利工程运行服务中心、黄河水利委员会黄河水利科学研究院。

本文件主要起草人：王仲梅、来志强、赵连军、任艳粉、潘丽、白一帆、朱磊、王元久、李静、祁麟、杨清、丁荣善、张振威、武建斌、毛克卫、李金鑫、王世俊、夏润亮、荆京、武彩萍、吴国英、张文皎、赵荣、王嘉仪、李远发、张源、杨文丽、宋莉萱。

本文件由青海省水利厅监督实施。

目　次

前言

1　范围 ………………………………………………（1）

2　规范性引用文件 …………………………………（1）

3　术语和定义 ………………………………………（1）

4　计算原则 …………………………………………（3）

5　维修养护等级划分 ………………………………（3）

6　维修养护项目构成 ………………………………（7）

7　维修养护计算基准 ………………………………（25）

8　维修养护定额 ……………………………………（28）

9　管护人员标准 ……………………………………（61）

附录 A（资料性附录）　水库工程维修养护经费计算案例

…………………………………………………………（62）

附录 B（资料性附录）　堤防工程维修养护经费计算案例

…………………………………………………………（81）

附录 C（资料性附录）　灌区工程维修养护经费计算案例

…………………………………………………………（88）

参考文献 ……………………………………………（113）

1 范围

本文件规定了水利工程(水库、堤防、灌区)管护定额的术语和定义、计算原则、维修养护等级划分、维修养护项目构成、维修养护计算基准、维修养护定额、管护人员标准等内容。

本文件适用于竣工验收后投入使用的公益性水库、堤防、灌区工程日常维修养护,其他水利工程参照执行。

本文件不适用于新建、改建和扩建工程。

2 规范性引用文件

下列文件对于本文件的应用是必不可少的。凡是注日期的引用文件,仅所注日期的版本适用于本文件。凡是不注日期的引用文件,其最新版本(包括所有的修改单)适用于本文件。

GB 50286-2013 堤防工程设计规范

GB 50288-2018 灌溉与排水工程设计标准

SL 252-2017 水利水电工程等级划分及洪水标准

SL 551-2012 土石坝安全监测技术规范

SL 595-2013 堤防工程养护修理规程

SL/T 246-2019 灌溉与排水工程技术管理规程

3 术语和定义

下列术语和定义适用于本文件。

3.1

管护

为加强工程管理,保证工程安全运行,充分发挥工程效益所采取的必要措施。

3.2

维修养护

对水利工程设施进行日常与定期养护和岁修,维持、恢复或局部改善原有工程面貌,保持工程设计功能的工作。

［来源:SL 570-2013,3.4.1.1］

3.3

水库

在河道、山谷、低洼地有水源或可从另一河道引入水源的地方修建挡水坝或堤堰而形成的蓄水场所;或在有隔水条件的地下透水层修建截水墙而形成的地下蓄水场所。

［来源:SL 570-2013,5.1.1.1］

3.4

堤防

沿河、渠、湖、海岸或分洪区、蓄洪区、围垦区边缘修建的挡水建筑物。又称"堤"。

［来源:SL 570-2013,4.1.1.1］

3.5

堤防工程

堤防及其堤岸防护工程、交叉联接建筑物和管理设施等的统称。

［来源:SL 570-2013,4.1.1.2］

3.6

灌区工程

满足灌溉排水及城市供水的需要而修建工程的统称。

[改写:水办〔2004〕307 号]

4 计算原则

4.1 本文件使用时,首先按照工程类型、维修养护等级和工程实际情况确定基本维修养护项目和调整维修养护项目,再对照计算基准表,确定调整系数,计算该工程的维修养护经费。若某一基本维修养护项目有多个调整系数时,系数连乘,作为该项目综合调整系数。

4.2 本文件的水利工程使用年限指主体工程完工验收后的年限。

4.3 本文件调整维修养护项目涉及的材料、设备、服务参照市场指导价或相关规定执行。

5 维修养护等级划分

5.1 水库工程维修养护等级划分

水库工程维修养护等级按照水库总库容和坝高划分为五级,具体划分标准按表 1 执行。如坝高超过表 1 规定指标时,其维修养护等级提高一等级。其中,水库工程规模按照 SL 252-2017 中表 3.0.1 的规定执行。

表1　水库工程维修养护等级划分表

维修养护等级	一	二	三	四	五
工程规模	大型	中型	小(1)型	小(2)型	小(2)型
水库总库容 V(亿 m³)	V≥1	1>V≥0.1	0.1>V≥0.01	0.01>V≥0.001	0.01>V≥0.001
坝高 H(m)	—	40<H≤60	25<H≤40	15<H≤25	H≤15

5.2　堤防工程维修养护等级划分

堤防工程维修养护等级按照堤防工程等级划分为五级,具体划分标准按表2执行。其中,堤防工程等级按照 GB 50286-2013中表3.1.3的规定执行。

表2　堤防工程维修养护等级划分表

维修养护等级	一	二	三	四	五
堤防等级	1级	2级	3级	4级	5级
防洪标准 T(年)	T≥100	100>T≥50	50>T≥30	30>T≥20	T<20

5.3　灌区工程维修养护等级划分

5.3.1　灌区工程主要包括渠首工程(水库工程、溢流坝工程、涝池工程、水闸工程、泵站工程、机井工程)、渠道工程和渠系建筑物工程(渡槽工程、倒虹吸工程、隧洞工程、涵洞工程)。

5.3.2　渠道工程和渠系建筑物工程维修养护等级按照渠首设计过水流量划分为八级,具体划分标准按表3执行。其中,设计过水流量小于$1m^3/s$且灌溉面积大于1万亩的按照等级八执行,其他参照等级八设计过水流量直线外延;渠道工程和渠系建筑物工程一至三等级按照 GB 50288-2018 中表 3.1.6 的规定执行。

表 3　渠道工程和渠系建筑物工程维修养护等级划分表

维修养护等级	一	二	三	四	五	六	七	八
渠首设计过水流量 Q(m³/s)	Q≥300	300>Q≥100	100>Q≥20	20>Q≥15	15>Q≥10	10>Q≥5	5>Q≥3	3>Q≥1

5.3.3　溢流坝工程维修养护等级按照溢流坝工程坝体体积划分为五级,具体划分标准按表 4 执行。

表 4　溢流坝工程维修养护等级划分表

维修养护等级	一	二	三	四	五
坝体体积 V(m³)	2200>V≥1700	1700>V≥1200	1200>V≥700	700>V≥200	V<200

5.3.4　涝池工程维修养护等级按照涝池工程总库容划分为三级,具体划分标准按表 5 执行。

表 5　涝池工程维修养护等级划分表

维修养护等级	一	二	三
总库容 V(万 m³)	10>V≥5	5>V≥0.05	V<0.05

5.3.5　水闸工程维修养护等级按照过闸流量和孔口面积划分为八级,具体划分标准按表 6 执行。满足过闸流量及孔口面积两个条件,即为该等级水闸;只具备一个条件,等级降低一等。水闸过闸流量按校核过闸流量大小划分,无校核过闸流量以设计过闸流量为准。

表6　水闸工程维修养护等级划分表

维修养护等级	一	二	三	四	五	六	七	八
工程规模	大型				中型		小型	
过闸流量 Q(m³/s)	Q≥10000	10000>Q≥5000	5000>Q≥3000	3000>Q≥1000	1000>Q≥500	500>Q≥100	100>Q≥10	Q<10
孔口面积 A(m²)	A≥2000	2000>A≥800	1100>A≥600	900>A≥400	400>A≥200	200>A≥50	50>A≥10	A<10

5.3.6 泵站工程维修养护等级按照泵站工程装机容量划分为五级,具体划分标准按表7执行。

表7　泵站工程维修养护等级划分表

维修养护等级	一	二	三	四	五
工程规模	大型站	中型站			小型站
装机容量 P(kW)	P≥10000	10000>P≥5000	5000>P≥1000	1000>P≥100	P<100

5.3.7 机井工程维修养护等级按照井深划分为两级,具体划分标准按表8执行。

表8　机井工程维修养护等级划分表

维修养护等级	一	二
井深 H(m)	H≥100	H<100

6 维修养护项目构成

6.1 水库工程维修养护项目

6.1.1 水库工程维修养护项目由下列项目清单组成。
 a)基本维修养护项目(一)清单;
 b)基本维修养护项目(二)清单;
 c)调整维修养护项目清单。

6.1.2 水库工程基本维修养护项目(一)清单按表9进行。

表9 水库工程基本维修养护项目(一)构成表

编号	项目	工作内容
1	主体工程维修养护	主体工程包括坝面、坝体踏步、马道、放水建筑物、排洪渠、排沙孔(洞)、泄洪建筑物等。
1.1	混凝土空蚀剥蚀磨损处理及裂缝处理	—
1.1.1	混凝土空蚀剥蚀磨损处理	坝面、坝体踏步、马道、放水建筑物、排洪渠、排沙孔(洞)、泄洪建筑物等混凝土表面的空蚀、剥蚀、磨损修补和处理。
1.1.2	混凝土裂缝处理	坝面、坝体踏步、马道、放水建筑物、排洪渠、排沙孔(洞)、泄洪建筑物等由冻胀、冰推(拉)导致的混凝土破损裂缝修补和处理。
1.2	坝下防冲工程混凝土翻修	因冲毁、冻胀及冰推(拉)导致破坏的导流墙、挡土墙、消力坎、防冲护坦等坝下防冲工程维修养护。

表9 水库工程基本维修养护项目(一)构成表(续)

编号	项目	工作内容
1.3	土石坝护坡维修养护	—
1.3.1	护坡土方维修养护	后坝坡松动、塌陷、隆起、底部掏空、垫层失散破坏、鼠害破坏等维修养护。
1.3.2	护坡干砌石维修养护	前坝坡松动、塌陷、隆起、底部掏空、垫层失散破坏、冻胀冰推(拉)破坏以及鼠害破坏等现象的维修养护。
1.4	防浪墙维修养护	损坏的防浪墙维修养护。
1.5	反滤设施维修养护	干砌石、铅丝石笼、反滤层等反滤设施维修养护。
1.6	排水沟维修养护	坝顶、坝坡和坝肩排水沟清理、平整及破损维修养护。
1.7	放水管维修养护	放水管清洁保养、防腐处理,伸缩节止水更换。
1.8	坝面杂草清除	坝面杂草清除,整洁美观。
1.9	防冻处理	大坝主体工程防冻处理。
2	引水设施维修养护	注入式水库的引水枢纽、引水渠等引水设施维修养护。非注入式水库,不计此项。
2.1	混凝土裂缝处理	引水枢纽、引水渠等引水设施混凝土裂缝维修养护。

表 9　水库工程基本维修养护项目（一）构成表（续）

编号	项目	工作内容
2.2	金属结构维修养护	引水枢纽、引水渠等引水设施涉及的金属结构清洁保养、防腐处理。
2.3	淤堵疏通	引水枢纽、引水渠等引水设施淤堵疏通。
3	廊道、竖井维修养护	—
3.1	混凝土裂缝处理	廊道、竖井混凝土裂缝维修养护。
3.2	防渗处理	廊道、竖井防渗处理。
4	闸门、阀门维修养护	—
4.1	防腐处理	拦污栅、工作闸门、检修闸门、阀门等除锈防腐涂层。
4.2	防冻处理	闸门、阀门保暖防冻处理。
4.3	闸门、阀门检修维护	门体局部构件加固或更换,行走支撑装置更换,吊耳板、吊座、套绳更换,滚轮及台车机构注油润滑,盘根维修养护,橡胶垫块更换,闸门、阀门检修维护及零配件更换等。
5	启闭机维修养护	大坝启闭机维修养护。
5.1	机体表面防腐处理	启闭机防护罩、机体表面保持清洁,定期涂料保护等。
5.2	钢丝绳、连杆维修养护	按相关规程标准定期保养,及时更换断丝超标钢丝绳、连杆、套筒,按规定及时更换损坏、变形、磨损严重的配件、零件等。

表 9　水库工程基本维修养护项目(一)构成表(续)

编号	项目	工作内容
5.3	传(制)动系统维修养护	注油设施维护、机械传动装置维修养护、制动装置维修养护。
6	机电设备维修养护	—
6.1	电动机维修养护	电动机外壳、叶轮清洁维护,轴承定期清洗、换油、更换,绕组定期检测、维护及更换。
6.2	操作系统维修养护	集中控制室、开关箱和机旁屏(柜、台)清洁,开关、断电保护装置、主令控制器、限位装置的维修养护,指示仪表及信号灯的调试与配件更换等。
6.3	输配电设施维修养护	自供电设备的配电柜、变压器、电线及其他设施的日常维护。
6.4	避雷设施维护养护	避雷设施维护、校验等。
7	水位标尺及标志牌维修养护	—
7.1	标志牌维修养护	标志牌(碑)、警示桩、界桩、标示牌、宣传牌、指示牌、公示牌等涂刷反光漆、清洗、更换等。
7.2	水位标尺维修养护	水位标尺清洗、更换。
8	监测数据整编分析	按照 SL 551-2012 中 9 监测资料整编与分析的规定要求对水库监测数据进行整编分析。

6.1.3　水库工程基本维修养护项目(二)清单按表 10 进行。

表 10　水库工程基本维修养护项目(二)构成表

编号	项目	工作内容
1	供水抽排水系统维修养护	供水抽排水系统检修、维护等。
2	附属设施及管理区维修养护	—
2.1	照明设施维修养护	坝顶、廊道、启闭机室、竖井等照明设施维修养护。
2.2	自动信息化系统维修养护	水雨情测报、大坝安全监测设施、信息化系统、通讯设施维修养护。
2.2.1	水雨情测报设施维修养护	雨量筒、水位计、流量测量设施、视频(图像)站维修养护。
2.2.2	信息化系统(通讯系统)维修养护	通讯系统、视频监视系统、管理信息系统等信息化系统的维修养护,信息化系统软件的更新改造升级和运行中产生的费用。
2.2.3	大坝安全监测设施维修养护	大坝安全监测设施维修养护,保证安全监测设施的精度满足规范要求。
2.3	防汛抢险消防物资保养更新	防汛抢险消防物料日常保养维护,周期性更新。

6.1.4 水库工程调整维修养护项目清单按表 11 进行。

表 11　水库工程调整维修养护项目构成表

编号	项目	工作内容
1	混凝土面板表面养护	混凝土面板的橡胶、不锈钢、铜片止水等修补以及 SR 填料、GB 板等材料修补更换。

表 11 水库工程调整维修养护项目构成表(续)

编号	项目	工作内容
2	闸阀门止水更换	拦污栅、工作闸门、检修闸门、阀门涉及的止水橡胶、止水铜片、止水压板螺栓螺母、止水木修复、更换及挡板补焊。
3	设备更换	闸门、阀门、启闭机、机电等设备更换。
4	附属设施及管理区维修养护	—
4.1	护栏、围墙、爬梯、扶手维修养护	坝顶、廊道、竖井、工作桥、交通桥以及工程管理区内破损的护栏、围墙、爬梯、扶手等安全防护装置维修养护。
4.2	管理区环境维修养护	管理区环境清洁,环境绿化美化。
4.3	应急电源维修养护	—
4.4	生产管理用房维修养护	闸阀室、启闭机室、管理房等生产管理用房修缮及生产生活辅助设施维修养护。
4.5	防汛道路(工作桥、交通桥)维修养护	道路路面、路基、路肩等维修养护。
4.6	垃圾围坝整治	坝前漂浮物清理。
4.7	交通洞维修养护	—
5	大坝安全鉴定	水库大坝安全鉴定(含金属结构检测)。
6	水库大坝安全监测系统鉴定	按照规范对水库变形、渗流、应力应变及温度、环境量、强震等监测设施鉴定。
7	水库隐患探测	按照规范对水库安全隐患探测分析。

表 11　水库工程调整维修养护项目构成表(续)

编号	项目	工作内容
8	水库清淤	清理水库淤积物,恢复水库有效库容。
9	方案预案	按照有关规定,开展相关方案预案的编制、宣传、演练等。
10	其他	上述项目未考虑到,但符合水库实际发生的项目和国家、省委、省政府确定的重点任务。

6.2　堤防工程维修养护项目

6.2.1　堤防工程维修养护项目由下列项目清单组成。

　　a) 基本维修养护项目清单;

　　b) 调整维修养护项目清单。

6.2.2　堤防工程基本维修养护项目清单按表12进行。

表 12　堤防工程基本维修养护项目

编号	项目	工作内容
1	堤顶维修养护	—
1.1	土方养护	堤顶残缺、雨淋沟等损失土方平整修复。
1.2	边埂整修	边埂补残、拍打整平、清除杂草灌木。
2	堤坡土方养护	堤坡、踏步和通道的土方维修养护。
3	防汛道路养护	路面维修养护。
4	标志牌维修养护	对公示牌、里程桩、防护墩、隔离网、减速带、警示桩、界桩、标示牌、宣传牌、指示牌、交界牌等涂刷反光漆、清洗、更换等。

6.2.3 堤防工程调整维修养护项目清单按表13进行。

表13 堤防工程调整维修养护项目

编号	项目	工作内容
1	堤顶路沿石维修养护	路沿石的扶正、局部更换。
2	堤防基础修复	堤防基础的功能恢复及维修养护。
3	防浪墙维修养护	损坏防浪墙的维修养护。
4	护栏维修养护	护栏的日常保养、修复或更换。
5	防汛抢险消防物资保养更新	防汛抢险消防物料日常保养维护,周期性更新。
6	信息化系统(通讯系统)维修养护	通讯系统、视频监视系统、管理信息系统等信息化系统的维修养护,信息化系统软件的更新改造升级和运行中产生的费用。
7	堤防安全鉴定	根据相关规定开展安全鉴定。
8	堤防隐患探测	按照规范对隐患开展探测。
9	潜坝、丁坝维修养护	河道内潜坝、丁坝修补和加固。
10	穿堤建筑物结合部位维修养护	已建建筑物穿堤结合部位的维修养护,具体按照 SL 595-2013 中 5 穿、跨堤建筑物及其与堤防结合部位养护修理的有关规定执行。
11	其他	上述项目未考虑到,但符合堤防实际发生的项目和国家、省委、省政府确定的重点任务。

6.3 灌区工程维修养护项目

6.3.1 灌区工程维修养护项目由下列项目清单组成。

a)基本维修养护项目(一)清单;

b)基本维修养护项目(二)清单;

c)调整维修养护项目清单。

6.3.2 灌区工程基本维修养护项目(一)由下列维修养护项目组成。

a)渠首工程维修养护项目:

1)水库工程维修养护项目,同6.1内容;

2)溢流坝工程维修养护项目;

3)涝池工程维修养护项目;

4)水闸工程维修养护项目;

5)泵站工程维修养护项目。

b)渠道工程维修养护项目;

c)渠系建筑物工程维修养护项目:

1)渡槽工程维修养护项目;

2)倒虹吸工程维修养护项目;

3)隧洞工程维修养护项目;

4)涵洞工程维修养护项目。

6.3.3 灌区工程基本维修养护项目(一)清单按表14进行。

表14 灌区工程基本维修养护项目(一)

编号	项目	工作内容
1	渠首工程维修养护	—
1.1	溢流坝工程维修养护	—
1.1.1	土方养护	雨淋沟、塌陷和填土区的修复。
1.1.2	工程表面维修养护	坝体表面破损修复。

表 14 灌区工程基本维修养护项目(一)(续)

编号	项目	工作内容
1.1.3	混凝土破损修补	混凝土结构部分修复。
1.1.4	防冲设施维修养护	消力坎、防冲护坦等的修复。
1.1.5	反滤排水设施维护	反滤层清理、填筑、压实,排水管修复。
1.2	涝池工程维修养护	—
1.2.1	土方养护	雨淋沟、塌陷和填土区的修复。
1.2.2	输水设施维修养护	—
1.2.2.1	输水涵管维修养护	输水涵管及进出口设施的维修养护。
1.2.2.2	金属结构维修养护	进水闸、冲砂闸金属结构的清洁保养、防腐处理。
1.2.3	泄水设施维修养护	—
1.2.3.1	混凝土破损修补	控制段、消能段、泄水渠混凝土维修养护。
1.2.3.2	浆砌石翻修	控制段、消能段、泄水渠浆砌石翻修。
1.2.4	垃圾围坝整治	坝前漂浮物的清理。
1.3	水闸工程维修养护	—
1.3.1	水工建筑物维修养护	—
1.3.1.1	土方养护	雨淋沟、塌陷和填土区的修复。
1.3.1.2	砌石护坡护底维修养护	—
1.3.1.2.1	勾缝修补	护坡、护底和挡土墙等勾缝修补。

表 14 灌区工程基本维修养护项目(一)(续)

编号	项目	工作内容
1.3.1.2.2	损毁修复	护坡、护底和挡土墙等损毁修复。
1.3.1.3	防冲设施破坏处理	防冲设施(防冲槽、海漫等)破坏处理。
1.3.1.4	反滤排水设施维修养护	反滤层清理、填筑、压实,排水管修复。
1.3.1.5	出水底部构件养护	水闸工程上游铺盖等底部构件修复。
1.3.1.6	混凝土破损修复	混凝土结构或构件修复。
1.3.1.7	裂缝处理	混凝土裂缝修补。
1.3.1.8	伸缩缝填料填充	伸缩缝填料充填封堵。
1.3.2	闸门维修养护	—
1.3.2.1	止水更换	止水出现磨损、变形、断裂、自然老化且漏水量超过规定时,及时更换。
1.3.2.2	闸门维修养护	闸门防腐、防冻处理、检修维护和零配件更换。
1.3.3	启闭机维修养护	—
1.3.3.1	机体表面防腐处理	启闭机表面的涂料保护和清洁保持。
1.3.3.2	钢丝绳维修养护	清洗保养、除锈上油。
1.3.3.3	传(制)动系统维修养护	注油设施维护、机械传动装置维修养护、制动装置维修养护。

表 14 灌区工程基本维修养护项目(一)(续)

编号	项目	工作内容
1.3.4	机电设备维修养护	—
1.3.4.1	电动机维修养护	轴承、绕组的检测更换、清洗换油和刷漆养护。
1.3.4.2	操作设备维修养护	操作设备、各指示仪表、信号灯等维护和更换配件。
1.3.4.3	配电设备维修养护	配电柜及其他设施维护。
1.3.4.4	输变电系统维修养护	输电线路、变压器外壳、绝缘子、油枕及冷却装置等维护。
1.3.4.5	避雷设施维修养护	指示仪表、避雷针等维护。
1.3.5	附属设施维修养护	—
1.3.5.1	机房及管理房维修养护	生产管理用房修缮及生产生活辅助设施维修养护。
1.3.5.2	闸区绿化	管理范围内环境清洁、绿化美化。
1.3.5.3	护栏维修养护	护墙、护栏的防锈、刷漆和修复。
1.3.6	物料动力消耗	—
1.3.6.1	电力消耗	生产和办公电力消耗。
1.3.6.2	柴油消耗	自备发电机的动力燃料消耗。
1.3.6.3	机油消耗	零部件的清洗和润滑。
1.3.6.4	黄油消耗	零部件的涂抹防水。
1.4	泵站工程维修养护	—
1.4.1	机电设备维修养护	—
1.4.1.1	主机组维修养护	刷漆、加润滑油和易损部件更换。

表 14 灌区工程基本维修养护项目(一)(续)

编号	项目	工作内容
1.4.1.2	输变电系统维修养护	各种电力线路、电缆线路、照明线路等输电线路维护。
1.4.1.3	操作设备维修养护	高压油开关及高压开关柜、励磁装置、控制保护系统、直流系统及其他操作控制设备维护。
1.4.1.4	配电设备维修养护	控制盘、配电盘、低压配电柜等维护。
1.4.1.5	避雷设施维修养护	指示仪表、避雷针等维护。
1.4.2	辅助设备维修养护	—
1.4.2.1	油气水系统维修养护	机电设备、安全装置等维护。
1.4.2.2	拍门拦污栅等维修养护	拍门、启闭机和拦污栅、清污机等维护。
1.4.2.3	起重设备维修养护	检修中拆换主要支承部件或提升部件后作负荷试验。
1.4.3	泵站建筑物维修养护	—
1.4.3.1	泵房维修养护	房顶渗漏及进、出水流道、水下建筑物裂缝和渗漏等处理。
1.4.3.2	砌石护坡挡土墙维修养护	—
1.4.3.2.1	勾缝修补	砌石护坡、挡土墙勾缝局部脱落的修复。
1.4.3.2.2	损毁修复	砌石护坡、挡土墙松动、塌陷、隆起、底部掏空、垫层散失等的原状修复。

表 14 灌区工程基本维修养护项目(一)(续)

编号	项目	工作内容
1.4.3.3	进出水池清淤	泵站进出水池淤泥清理。
1.4.3.4	进水渠维修养护	进水渠道的边坡维护。
1.4.4	附属设施维修养护	—
1.4.4.1	管理房维修养护	生产管理用房修缮及生产生活辅助设施维修养护。
1.4.4.2	站区绿化	管理范围内环境清洁、绿化美化。
1.4.4.3	围墙护栏维修养护	护墙、护栏的防锈、刷漆和修复。
1.4.5	物料动力消耗	—
1.4.5.1	电力消耗	生产和办公电力消耗。
1.4.5.2	汽油消耗	自备发电机的动力燃料消耗。
1.4.5.3	机油消耗	零部件的清洗和润滑。
1.4.5.4	黄油消耗	零部件的涂抹防水。
2	渠道工程维修养护	—
2.1	土方养护	—
2.1.1	渠顶土方养护	渠顶路面平整、凹陷修补。
2.1.2	渠坡土方养护	修整渠坡残缺、填垫水沟浪窝等。
2.2	渠道防渗工程维修养护	渠道衬砌表面裂缝处理、伸缩缝处理等。
2.3	跌水陡坡维修养护	上下游消能防冲设施和主体建筑物维修养护。

表 14 灌区工程基本维修养护项目(一)(续)

编号	项目	工作内容
3	渠系建筑物 工程维修养护	—
3.1	渡槽工程维修养护	—
3.1.1	土方养护	工程发生跌塘、下陷的夯实修补。
3.1.2	槽身及配件 设施维修养护	槽身维修养护(包括抗氧化、除锈防腐等处理,止水更换等)、管件(接头、弯头、三通、进排气阀、伸缩节等)局部损坏更换及配件设施(镇墩、支墩、排架、钢索等)维修养护。
3.2	倒虹吸工程维修养护	—
3.2.1	土方养护	土方开挖、回填等。
3.2.2	倒虹吸管维修养护	管道维修养护(包括抗氧化、除锈防腐等处理,止水更换等)、管件(接头、弯头、三通、进排气阀、伸缩节等)局部损坏更换。
3.2.3	配件设施维修养护	镇墩、支墩、检修井、排水管等维修养护。
3.3	隧洞工程维修养护	—
3.3.1	土方养护	工程发生跌塘、下陷的夯实修补。
3.3.2	混凝土破损修补	混凝土结构发生掏空、局部塌陷等的修复。
3.3.3	裂缝处理	隧洞混凝土表面裂缝和磨损、空蚀的修复。

表 14　灌区工程基本维修养护项目(一)(续)

编号	项目	工作内容
3.3.4	止水伸缩缝维修养护	止水伸缩缝出现脱落、漏水量超过规定时,及时更换。
3.3.5	拦污栅维修养护	拦污栅清理、配件更换等。
3.4	涵洞工程维修养护	—
3.4.1	土方养护	工程发生跌塘、下陷的夯实修补。
3.4.2	混凝土破损修补	混凝土结构发生掏空、局部塌陷等的修复。
3.4.3	裂缝处理	涵洞混凝土表面裂缝和磨损、空蚀的修复。
3.4.4	止水伸缩缝维修养护	止水伸缩缝出现脱落、漏水量超过规定时,及时更换。
3.4.5	拦污栅维修养护	拦污栅清理、配件更换等。
4	水位标尺及标志牌维修养护	—
4.1	标志牌维修养护	标志牌(碑)、警示桩、界桩、标示牌、宣传牌、指示牌、公示牌等涂刷反光漆、清洗、更换等。
4.2	水位标尺维修养护	水位标尺清洗、更换等。

6.3.4　灌区工程基本养护项目(二)清单按表 15 进行。

表 15　灌区工程基本难修养护项目(二)

编号	项目	工作内容
1	渠道工程维修养护	—
1.1	生产交通桥维修养护	桥面、连接段、桥台、护栏等维护。

表 15　灌区工程基本维修养护项目(二)(续)

编号	项目	工作内容
1.2	闸阀门维修养护	闸阀门防腐、止水、润滑等维护以及配件更换等。
1.3	排洪沟维修养护	沟底、沟坡、沟岸建筑物等维护。
2	灌区工程清淤	—
2.1	明渠清淤	明渠的清淤及外运。
2.2	暗渠清淤	暗渠的清淤及外运。
3	附属设施及管理区维修养护	—
3.1	量测设施维修养护	量测设施维修养护,具体按照 SL/T 246-2019 中 3.9 量水设备、设施与测墒仪器的有关规定执行。
3.2	信息化系统(通讯系统)维修养护	通讯系统、视频监视系统、管理信息系统等信息化系统的维修养护,信息化系统软件的更新改造升级和运行中产生的费用。
3.3	防汛抢险消防物资保养更新	防汛抢险消防物料日常保养维护,周期性更新。

6.3.5 灌区工程调整维修养护项目清单按表 16 进行。

表 16　灌区工程调整维修养护项目

编号	项目	工作内容
1	水闸工程维修养护	—
1.1	闸室清淤	闸室清淤及外运。
1.2	自动控制设施维修养护	自动监控、监测、监视设备运行维护。

表16 灌区工程调整维修养护项目(续)

编号	项目	工作内容
1.3	自备发电机组维修养护	自备电源的柴(汽)油发电机按相关规定定期维护。
2	泵站工程维修养护	—
2.1	闸门维修养护	闸门定期检修和保养。
2.2	自备发电机组维修养护	自备电源的柴(汽)油发电机按相关规定定期维护。
2.3	自动控制设施维修养护	自动监控、监测、监视设备运行维护。
3	机井工程维修养护	井口、井体、机电设备维修养护及洗井清淤。
4	护渠林养护	浇水、喷药、刷红黏土防护、修剪等。
5	渡槽安全鉴定	根据相关规定开展安全鉴定。
6	倒虹吸安全鉴定	根据相关规定开展安全鉴定。
7	隧洞安全鉴定	根据相关规定开展安全鉴定。
8	涵洞安全鉴定	根据相关规定开展安全鉴定。
9	附属设施及管理区维修养护	—
9.1	护栏、围墙、爬梯、扶手维修养护	工程管理区内破损的护栏、围墙、爬梯、扶手等安全防护装置修复。
9.2	管理区环境维修养护	管理区环境卫生整理、绿化工程养护。
9.3	生产管理用房维修养护	生产管理用房修缮及生产生活辅助设施维修养护。

表 16　灌区工程调整维修养护项目(续)

编号	项目	工作内容
9.4	管理区道路维修养护	道路、路面、路基、路肩等维修养护。
10	涝池局部清淤	涝池清淤及外运。
11	其他	上述项目未考虑到,但符合灌区实际发生的项目和国家、省委、省政府确定的重点任务。

7　维修养护计算基准

7.1　水库工程维修养护计算基准

7.1.1　水库工程维修养护计算基准按表 17 执行。

表 17　水库工程计算基准表

维修养护等级	一	二	三	四	五
坝高(m)	123	45	26	20	10
坝长(m)	440	270	270	120	120
闸(阀)门扇数(扇)	3	2	1	1	1
启闭机台数(台)	3	2	1	1	1

7.2　堤防工程维修养护计算基准

7.2.1　堤防工程维修养护等级二、三、四、五的堤身高度计算基准分别为 4、3、3、2m。堤防工程维修养护计算基准按表 18 执行。

表 18   堤防工程计算基准表

维修养护等级	一	二	三	四	五
堤防长度（m）	—	1000	1000	1000	1000
堤身高度（m）	—	4	3	3	2

7.3   灌区工程维修养护计算基准

7.3.1   灌区工程中渠道工程以 1000m 长度为计算基准，渡槽工程、倒虹吸工程、隧洞工程、涵洞工程等渠系建筑物工程以 100m 长度为计算基准，溢流坝工程以坝体体积为计算基准，涝池工程以库容为计算基准，水闸工程以过闸流量、孔口面积和孔口数量为计算基准，泵站工程以装机容量为计算基准。

7.3.2   渠道工程和渠系建筑物工程维修养护计算基准按表 19 执行。

表 19   渠道工程和渠系建筑物工程计算基准表

维修养护等级	一	二	三	四	五	六	七	八
渠首设计过水流量 Q（m³/s）	300	200	60	17	12	7	4	2

7.3.3   溢流坝工程维修养护计算基准按表 20 执行。

表 20   溢流坝工程计算基准表

维修养护等级	一	二	三	四	五
坝体体积 V（m³）	2200	1500	1000	500	200

7.3.4 涝池工程维修养护计算基准按表 21 执行。

表 21　涝池工程计算基准表

维修养护等级	一	二	三
总库容 V（万 m³）	7.5	3.0	0.05

7.3.5 水闸工程维修养护计算基准按表 22 执行。

表 22　水闸工程计算基准表

维修养护等级	一	二	三	四	五	六	七	八
工程规模	大型				中型		小型	
过闸流量 Q（m³/s）	10000	7500	4000	2000	750	300	55	10
孔口面积 A（m²）	2400	1800	910	525	240	150	30	10
孔口数量（孔）	60	45	26	15	8	5	2	1

7.3.6 泵站工程维修养护计算基准按表 23 执行。

表 23　泵站工程计算基准表

维修养护等级	一	二	三	四	五
工程规模	大型站	中型站			小型站
总装机容量 P（kW）	10000	7500	3000	550	100

8 维修养护定额

8.1 水库工程维修养护定额

8.1.1 水库工程基本维修养护项目(一)定额按表24执行。

表24 水库工程基本维修养护项目(一)定额表

单位:元/(座·年)

编号	项目	维修养护等级				
		一	二	三	四	五
		土石坝	土石坝	土石坝	土石坝	土石坝
	合计	948134	467823	289509	162176	90220
1	主体工程维修养护	695289	289559	191828	113980	57398
1.1	混凝土空蚀剥蚀磨损处理及裂缝处理	205052	97367	67253	40246	20130
1.1.1	混凝土空蚀剥蚀磨损处理	197922	95662	65974	39584	19792
1.1.2	混凝土裂缝处理	7130	1705	1279	662	338
1.2	坝下防冲工程混凝土翻修	22736	7579	5052	4210	2526
1.3	土石坝护坡维修养护	214561	80650	48066	31235	15501
1.3.1	护坡上方维修养护	56742	19162	15272	7665	3203
1.3.2	护坡干砌石维修养护	157819	61488	32794	23570	12298
1.4	防浪墙维修养护	30292	14136	11107	7573	3534
1.5	反滤设施维修养护	49638	21660	13538	7581	2708
1.6	排水沟维修养护	109939	43342	28542	14800	8457
1.7	放水管维修养护	10771	7025	5620	4215	2342
1.8	坝面杂草清除	43200	15000	11250	3000	1500
1.9	防冻处理	9100	2800	1400	1120	700
2	引水设施维修养护	—	29793	19721	11789	6019

表24 水库工程基本维修养护项目(一)定额表(续)

编号	项目	维修养护等级				
		一	二	三	四	五
		土石坝	土石坝	土石坝	土石坝	土石坝
2.1	混凝土裂缝处理	—	7747	3881	2323	1191
2.2	金属结构维修养护	—	13019	9834	4917	2482
2.3	淤堵疏通	—	9027	6006	4549	2346
3	廊道、竖井维修养护	43609	13314	8341	5507	2823
3.1	混凝土裂缝处理	13759	3881	3087	2323	1191
3.2	防渗处理	29850	9433	5254	3184	1632
4	闸门、阀门维修养护	52808	35205	17603	8822	8822
4.1	防腐处理	10808	7205	3603	1822	1822
4.2	防冻处理	12600	8400	4200	2100	2100
4.3	闸门、阀门检修维护	29400	19600	9800	4900	4900
5	启闭机维修养护	34728	23152	11576	5858	5858
5.1	机体表面防腐处理	11628	7752	3876	1938	1938
5.2	钢丝绳、连杆维修养护	14700	9800	4900	2520	2520
5.3	传(制)动系统维修养护	8400	5600	2800	1400	1400
6	机电设备维修养护	91000	53200	23240	4620	2800
6.1	电动机维修养护	33600	21000	9800	2100	1120
6.2	操作系统维修养护	21000	8400	4200	980	700
6.3	输配电设施维修养护	22400	19600	8400	1120	700
6.4	避雷设施维护养护	14000	4200	840	420	280

表 24　水库工程基本维修养护项目(一)定额表(续)

编号	项目	维修养护等级				
		一	二	三	四	五
		土石坝	土石坝	土石坝	土石坝	土石坝
7	**水位标尺及标志牌维修养护**	**19500**	**14500**	**9500**	**6000**	**3700**
7.1	标志牌维修养护	6000	4000	2000	1500	700
7.2	水位标尺维修养护	13500	10500	7500	4500	3000
8	**监测数据整编分析**	**11200**	**9100**	**7700**	**5600**	**2800**

8.1.2 水库工程基本维修养护项目(二)定额按表 25 执行。

表 25　水库工程基本维修养护项目(二)定额表

单位:元/(座·年)

编号	项目	维修养护等级				
		一	二	三	四	五
		土石坝	土石坝	土石坝	土石坝	土石坝
1	供水抽排水系统维修养护	按供水抽排水系统资产的 1.5%计算				
2	附属设施及管理区维修养护	—				
2.1	照明设施维修养护	按照明设施资产的 3%计算				
2.2	自动信息化系统维修养护	—				
2.2.1	水雨情测报设施维修养护	按水雨情测报设施资产的 10%计算				
2.2.2	信息化系统 (通讯系统)维修养护	按信息化系统(通讯系统) 资产的 10%计算				
2.2.3	大坝安全监测设施维修养护	按大坝安全监测设施资产的 10%计算				
2.3	防汛抢险消防物资保养更新	按防汛抢险消防物资资产的 2%计算				

8.1.3 水库工程调整维修养护项目定额按表 26 执行。

表 26 水库工程调整维修养护项目定额表

编号	项目	单位	定额	工作（工程量）计算方法
1	混凝土面板表面养护	元/m³	800	按实有维修工程量计算
2	闸阀门止水更换		—	
3	设备更换		闸门、阀门、启闭机、机电等设备更换	
4	附属设施及管理区维修养护		—	
4.1	护栏、围墙、爬梯、扶手维修养护	元/m	钢丝网护栏,200	按实有工程量计算
		元/m³	砖围墙,580	
		元/t	钢爬梯、扶手,6500	
			不锈钢爬梯、扶手,25000	
4.2	管理区环境维修养护	元/m²	6.7	按管理区的面积计算
4.3	应急电源维修养护	元/kW	60	按应急电源实有功率计算
4.4	生产管理用房维修养护	元/m²	40	按生产管理用房实有维修面积计算

表 26 水库工程调整维修养护项目定额表(续)

编号	项目	单位	定额	工作(工程量)计算方法
4.5	防汛道路(工作桥、交通桥)维修养护	元/m²	泥结碎石路面,49.64 混凝土路面,135.05 沥青混凝土路面,204.25	按实有道路维修面积计算(压实厚度20cm)
4.6	垃圾围坝整治	元/工日	140	按实有工日计算
4.7	交通涵维修养护	元	按有关规定执行	
5	大坝安全鉴定	元	按有关规定执行	
6	水库大坝安全监测系统鉴定	元	按有关规定执行	
7	水库隐患探测	元	按有关规定执行	
8	水库清淤	元	按有关规定执行,水库清淤单价为52.7元/m³(运距5km)	
9	方案预案	元	按有关规定执行	
10	其他	元	上述项目未考虑到,但符合水库实际发生的项目和国家、省委、省政府确定的重点任务	

8.1.4 水库工程维修养护定额调整系数按表 27 执行。

表 27　水库工程维修养护定额调整系数表

编号	影响因素	基准	调整对象	调整系数
1	坝高	一等维修养护 等级:123m	表24:1.3 土石坝护坡维修养护;1.6 排水沟维修养护;1.8 坝面杂草清除	每增减 1m, 系数增减 1/123
		二等维修养护 等级:45m		每增减 1m, 系数增减 1/45
		三等维修养护 等级:26m		每增减 1m, 系数增减 1/26
		四等维修养护 等级:20m		每增减 1m, 系数增减 1/20
		五等维修养护 等级:10m		每增减 1m, 系数增减 1/10
2	坝长	一等维修养护 等级:440m	表24:1.3 土石坝护坡维修养护;1.4 防浪墙维修养护;1.6 排水沟维修养护;1.8 坝面杂草清除	每增减 10m, 系数增减 1/440
		二等维修养护 等级:270m		每增减 10m, 系数增减 1/270
		三等维修养护 等级:270m		每增减 10m, 系数增减 1/270
		四等维修养护 等级:120m		每增减 10m, 系数增减 1/120
		五等维修养护 等级:120m		每增减 10m, 系数增减 1/120

表 27 水库工程维修养护定额调整系数表(续)

编号	影响因素	基准	调整对象	调整系数
3	闸阀门扇数	一等维修养护等级:3 扇(闸门)	表 24:4 闸门、阀门维修养护;5 启闭机维修养护	每增减 1 扇,系数增减 1/3
		二等维修养护等级:2 扇(闸门)		每增减 1 扇,系数增减 1/2
		三等维修养护等级:1 扇(闸门)		每增减 1 扇,系数增减 1
		四等维修养护等级:1 扇(闸阀)		每增减 1 扇闸阀,"4 闸门、阀门维修养护"的系数增减 1
				每增 1 扇闸门,"4 闸门、阀门维修养护"的系数调增 2
				"5 启闭机维修养护"的系数为闸门的数量
		五等维修养护等级:1 扇(闸阀)		每增减 1 扇闸阀,"4 闸门、阀门维修养护"的系数增减 1
				每增 1 扇闸门,"4 闸门、阀门维修养护"的系数调增 2
				"5 启闭机维修养护"的系数为闸门的数量

表27 水库工程维修养护定额调整系数表(续)

编号	影响因素	基准	调整对象	调整系数
4	闸门类型	平板钢闸门	表24:4 闸门、阀门维修养护	弧形闸门,系数调增0.1
				当维修养护等级为一至三等且闸门类型为阀门时,系数调减0.5
5	前坝坡护坡结构	干砌石	表24:1.3.2 护坡干砌石维修养护	浆砌石,系数调减0.1
				混凝土面板,系数调减0.2
				混凝土预制块(方格梁),系数调减0.2
6	后坝坡护坡结构	土质	表24:1.3.1 护坡土方维修养护	干砌石,系数调减0.1
				浆砌石,系数调减0.15
				混凝土,系数调减0.2
				混凝土预制块(方格梁),系数调减0.2

表 27 水库工程维修养护定额调整系数表(续)

编号	影响因素	基准	调整对象	调整系数
7	坝下防冲工程材质	混凝土	表24:1.2 坝下防冲工程混凝土翻修	干砌石,系数调增0.25
				铅丝石笼,系数调增0.2
				浆砌石,系数调增0.13
8	蓄水方式	注入式水库	表24:2 引水设施维修养护	非注入式水库,调整系数为0
9	廊道、竖井维修养护	水库具有廊道或竖井	表24:3 廊道、竖井维修养护	未设置廊道、竖井,调整系数为0
10	坝型	土石坝	表24:1.3.1 护坡土方维修养护	其他坝型,系数调减0.15
			表24:1.3.2 护坡干砌石维修养护	其他坝型,系数调减0.1
			表24:1.5 反滤设施维修养护	其他坝型,系数为0
			表24:1.8 坝面杂草清除	其他坝型,系数调减0.2
11	防浪墙	浆砌石	表24:1.4 防浪墙维修养护	混凝土,系数调减0.12

表 27 水库工程维修养护定额调整系数表(续)

编号	影响因素	基准	调整对象	调整系数
12	使用年限	工程投入使用 10 年以内	所有项目	每增加一年系数调增 0.01
13	坝顶高程	1900~2500m	所有项目	2500~3000m,系数调增 0.06
				3000~3500m,系数调增 0.12
				3500~4000m,系数调增 0.19
				4000~4500m,系数调增 0.25
				4500~5000m,系数调增 0.31
14	大坝所在地区对维修养护材料运距的影响	《水利工程设计概(估)算编制规定》(水利部,水总〔2014〕429号)中青海省的二类区	所有项目	三类区,系数调增 0.02
				四类区,系数调增 0.04
				五类区,系数调增 0.06
				六类区,系数调增 0.08

8.1.5 水库工程维修养护经费计算案例参见附录 A。

8.2 堤防工程维修养护定额

8.2.1 堤防工程基本维修养护项目定额按表 28 执行。

表 28 堤防工程基本维修养护项目定额表

单位:元/(km·年)

编号	维修养护项目	维修养护等级				
		一	二	三	四	五
	合计	—	30599	20705	13698	9575
1	堤顶维修养护	—	6852	3191	1360	818
1.1	土方养护	—	6692	3089	1316	801
1.2	边埂整修	—	160	102	44	17
2	堤坡土方养护	—	12919	8972	5981	4486
3	防汛道路养护	—	9928	7942	5957	3971
4	标志牌维修养护	—	900	600	400	300

8.2.2 堤防工程调整维修养护项目定额按表 29 执行。

表 29 堤防工程调整维修养护项目定额表

编号	项目	单位	定额	工作(工程量)计算方法
1	堤顶路沿石维修养护	元/km	2100	按实有工程量计算
2	堤防基础修复	元/m³	宾格网箱,256.08	按实有维护的体积计算
			抛石,155.19	
3	防浪墙维修养护	元/m³	504.86	按实有维护的体积计算
4	护栏维修养护	元/m	钢丝网护栏,200	按实有工程量计算
			大理石护栏裂缝修复,210	
			大理石护栏安装,715	

表 29　堤防工程调整维修养护项目定额表(续)

编号	项目	单位	定额	工作(工程量)计算方法
5	防汛抢险消防物资保养更新	元	2%	按防汛抢险消防物资资产的2%计算
6	信息化系统(通讯系统)维修养护	元	10%	按信息化系统(通讯系统)资产的10%计算
7	堤防安全鉴定	元	按有关规定执行	
8	堤防隐患探测	元	按有关规定执行	
9	潜坝、丁坝维修养护	元/m³	宾格网箱,221.61	按实有维护的体积计算
			混凝土,822.85	
10	穿堤建筑物结合部位维修养护	元/m³	干砌石,204.96	按实有维护的体积计算
			宾格网箱,221.61	
			浆砌石,339.53	
			混凝土,822.85	
11	其他	元	上述项目未考虑到,但符合堤防实际发生的项目和国家、省委、省政府确定的重点任务	

8.2.3　堤防工程维修养护定额调整系数按表 30 执行。

表 30 堤防工程维修养护定额调整系数表

编号	影响因素	基准	调整对象	调整系数
1	堤身高度	二等维修养护 等级:4m	表28:2 堤坡 土方养护; 3 防汛道路养护	每增减 1m, 系数增减 0.1
		三等维修养护 等级:3m		
		四等维修养护 等级:3m		
		五等维修养护 等级:2m		
2	堤身类型	土质	表28:2 堤坡 土方养护	干砌石, 系数调增 0.1
				宾格网箱, 系数调增 0.12
				浆砌石, 系数调增 0.2
				混凝土, 系数调增 0.5
3	防汛道路 路面类型	泥结碎石	表28:3 防汛 道路养护	土路面, 系数调减 0.4
				混凝土路面, 系数调增 0.2
				沥青混凝土路面, 系数调增 0.3
4	土质类别	壤土	所有项目	黏土,系数调减 0.2

表 30 堤防工程维修养护定额调整系数表(续)

编号	影响因素	基准	调整对象	调整系数
5	堤防(管理所)所在地区海拔	1900~2500m	所有项目	2500~3000m,系数调增 0.06
				3000~3500m,系数调增 0.12
				3500~4000m,系数调增 0.19
				4000~4500m,系数调增 0.25
				4500~5000m,系数调增 0.31
6	堤防(管理所)所在地区对维修养护材料运距的影响	《水利工程设计概(估)算编制规定》(水利部,水总〔2014〕429号)中青海省的二类区	所有项目	三类区,系数调增 0.02
				四类区,系数调增 0.04
				五类区,系数调增 0.06
				六类区,系数调增 0.08

8.2.4 堤防工程维修养护经费计算案例参见附录 B。

8.3 灌区工程维修养护定额

8.3.1 灌区工程基本维修养护项目定额(一)按表 31 执行。

表31 灌区工程基本维修养护项目定额表（一）

单位:元/(座·年)

编号	项目	维修养护等级							
		一	二	三	四	五	六	七	八
1	**渠首工程维修养护**	—	—	—	—	—	—	—	—
1.1	溢流坝工程维修养护	6232	5349	4195	3335	2533	—	—	—
1.1.1	土方养护	1539	1264	1099	824	660	—	—	—
1.1.2	工程表面维修养护	713	570	535	446	356	—	—	—
1.1.3	混凝土破损修补	3101	2713	1938	1551	1163	—	—	—
1.1.4	防冲设施维修养护	698	621	497	388	264	—	—	—
1.1.5	反滤排水设施维修养护	181	181	126	126	90	—	—	—
1.2	涝池工程维修养护	7001	4438	2561	—	—	—	—	—
1.2.1	土方养护	550	385	220	—	—	—	—	—
1.2.2	输水设施维修养护	2104	1449	888	—	—	—	—	—

表31 灌区工程基本维修养护项目定额表（一）（续）

编号	项目	维修养护等级							
		一	二	三	四	五	六	七	八
1.2.2.1	输水涵管维修养护	980	700	420	—	—	—	—	—
1.2.2.2	金属结构维修养护	1124	749	468	—	—	—	—	—
1.2.3	泄水设施维修养护	3507	1974	963	—	—	—	—	—
1.2.3.1	混凝土破损修补	2713	1551	698	—	—	—	—	—
1.2.3.2	浆砌石翻修	794	423	265	—	—	—	—	—
1.2.4	垃圾围坝整治	840	630	490	—	—	—	—	—
1.3	水闸工程维修养护	952264	734521	434063	272146	148972	101632	36278	19843
1.3.1	水工建筑物维修养护	73437	60041	39749	26371	15256	10930	7002	5112
1.3.1.1	土方养护	8115	8115	6763	6763	4058	4058	2705	2705
1.3.1.2	砌石护坡护底维修养护	28884	24373	17693	11494	6984	4073	2836	1611
1.3.1.2.1	勾缝修补	8724	7381	5309	3430	2088	1193	820	459
1.3.1.2.2	损毁修复	20160	16992	12384	8064	4896	2880	2016	1152
1.3.1.3	防冲设施破坏处理	4110	3083	1781	822	438	274	206	137

表31 灌区工程基本维修养护项目定额表(一)(续)

编号	项目	维修养护等级							
		一	二	三	四	五	六	七	八
1.3.1.4	反滤排水设施维修养护	11371	8528	4927	2274	1011	632	505	316
1.3.1.5	出水底部构件养护	4800	3600	2080	960	640	400	320	160
1.3.1.6	混凝土破损修复	9223	6917	3497	2018	922	576	115	38
1.3.1.7	裂缝处理	6034	4525	2288	1320	603	377	75	25
1.3.1.8	伸缩缝填料填充	900	900	720	720	600	540	240	120
1.3.2	闸门维修养护	426126	319595	174615	100739	44619	27887	6831	3029
1.3.2.1	止水更换	240772	180579	104335	60193	26084	16302	4514	2257
1.3.2.2	闸门维修养护	185354	139016	70280	40546	18535	11585	2317	772
1.3.3	启闭机维修养护	175932	131949	73872	42619	22002	13524	5046	2455
1.3.3.1	机体表面防腐处理	40932	30699	15372	8869	4002	2274	546	205
1.3.3.2	钢丝绳维修养护	87000	65250	37700	21750	11600	7250	2900	1450
1.3.3.3	传(制)动系统维修养护	48000	36000	20800	12000	6400	4000	1600	800

表31 灌区工程基本维修养护项目定额表（一）（续）

编号	项目	维修养护等级							
		一	二	三	四	五	六	七	八
1.3.4	机电设备维修养护	176680	137748	82020	53448	32000	23750	9876	5295
1.3.4.1	电动机维修养护	72000	54000	31200	18000	9600	6000	2400	1200
1.3.4.2	操作设备维修养护	60000	45000	26000	15000	8000	5000	2000	1000
1.3.4.3	配电设备维修养护	11200	9400	5040	3720	2400	1560	960	800
1.3.4.4	输变电系统维修养护	31880	27848	18780	15828	11600	10790	4316	2095
1.3.4.5	避雷设施维修养护	1600	1500	1000	900	400	400	200	200
1.3.5	附属设施维修养护	34300	32050	26450	23250	17300	13000	4650	3050
1.3.5.1	机房及管理房维修养护	15300	13050	9450	8250	6300	3000	1650	1050
1.3.5.2	闸区绿化	10000	10000	9000	9000	6000	5000	1500	1000
1.3.5.3	护栏维修养护	9000	9000	8000	6000	5000	5000	1500	1000
1.3.6	物料动力消耗	65789	53138	37357	25719	17795	12541	2873	902
1.3.6.1	电力消耗	27397	23959	17807	15241	11507	9223	1406	290

表 31 灌区工程基本维修养护项目定额表（一）（续）

编号	项目	维修养护等级							
		一	二	三	四	五	六	七	八
1.3.6.2	柴油消耗	24912	18712	11626	4982	2768	1522	609	208
1.3.6.3	机油消耗	6480	4867	3024	1296	720	396	158	54
1.3.6.4	黄油消耗	7000	5600	4900	4200	2800	1400	700	350
1.4	泵站工程维修养护	757453	577757	279905	84747	33286	—	—	—
1.4.1	机电设备维修养护	523970	386610	158779	44292	15544	—	—	—
1.4.1.1	主机组维修养护	370719	278040	111216	26748	7199	—	—	—
1.4.1.2	输变电系统维修养护	19714	17236	10814	5165	2525	—	—	—
1.4.1.3	操作设备维修养护	70290	43719	17487	7500	4500	—	—	—
1.4.1.4	配电设备维修养护	61807	46355	18542	4399	1200	—	—	—
1.4.1.5	避雷设施维修养护	1440	1260	720	480	120	—	—	—
1.4.2	辅助设备维修养护	77856	56983	23357	10710	6400	—	—	—
1.4.2.1	油气水系统维修养护	63870	46493	19161	7980	4600	—	—	—

表 31 灌区工程基本维修养护项目定额表（一）（续）

编号	项目	维修养护等级							
		一	二	三	四	五	六	七	八
1.4.2.2	拍门拦污栅等维修养护	7060	5295	2118	1450	1000	—	—	—
1.4.2.3	起重设备维修养护	6926	5195	2078	1280	800	—	—	—
1.4.3	泵站建筑物维修养护	115373	100800	78636	22756	7127	—	—	—
1.4.3.1	泵房维修养护	45240	36540	27840	6496	2088	—	—	—
1.4.3.2	砌石护坡挡土墙维修养护	10332	9095	6946	4929	2474	—	—	—
1.4.3.2.1	勾缝修补	3132	2759	2050	1473	746	—	—	—
1.4.3.2.2	损毁修复	7200	6336	4896	3456	1728	—	—	—
1.4.3.3	进出水池清淤	57267	53025	42420	10605	2121	—	—	—
1.4.3.4	进水渠维修养护	2534	2140	1430	726	444	—	—	—
1.4.4	附属设施维修养护	29700	25200	14700	4800	3200	—	—	—
1.4.4.1	管理房维修养护	10800	9000	3600	1800	900	—	—	—
1.4.4.2	站区绿化	10800	9000	4800	1800	1500	—	—	—

表31 灌区工程基本维修养护项目定额表(一)(续)

编号	项目	维修养护等级							
		一	二	三	四	五	六	七	八
1.4.4.3	围墙护栏维修养护	8100	7200	6300	1200	800	—	—	—
1.4.5	物料动力消耗	10554	8164	4433	2189	1015	—	—	—
1.4.5.1	电力消耗	6882	5614	2897	1811	906	—	—	—
1.4.5.2	汽油消耗	1080	780	432	84	24	—	—	—
1.4.5.3	机油消耗	1080	720	432	126	36	—	—	—
1.4.5.4	黄油消耗	1512	1050	672	168	49	—	—	—
2	渠道工程维修养护	—	—	12400	9642	9183	7003	5325	3841
2.1	土方养护	—	—	9123	7310	7035	5496	4293	3243
2.1.1	渠顶土方养护	—	—	4946	3902	3792	3023	2177	1704
2.1.2	渠坡土方养护	—	—	4177	3408	3243	2473	2116	1539
2.2	渠道防渗工程维修养护	—	—	794	470	441	265	178	132
2.3	跌水陡坡维修养护	—	—	2483	1862	1707	1242	854	466
3	渠系建筑物工程维修养护	—	—	—	—	—	—	—	—

表 31 灌区工程基本维修养护项目定额表（一）（续）

编号	项目	维修养护等级							
		一	二	三	四	五	六	七	八
3.1	渡槽工程维修养护	—	—	11038	7919	6749	5102	3812	2905
3.1.1	土方养护	—	—	2638	1759	1429	972	578	385
3.1.2	槽身及配件设施维修养护	—	—	8400	6160	5320	4130	3234	2520
3.2	倒虹吸工程维修养护	—	—	13792	7944	6590	5089	4044	3350
3.2.1	土方养护	—	—	3572	1924	1647	1099	824	550
3.2.2	倒虹吸管维修养护	—	—	8820	5320	4344	3500	2800	2520
3.2.3	配件设施维修养护	—	—	1400	700	599	490	420	280
3.3	隧洞工程维修养护	—	—	8927	4058	3338	2431	1859	1515
3.3.1	土方养护	—	—	198	132	99	84	73	66
3.3.2	混凝土破损修补	—	—	3721	2233	2093	1437	1163	930
3.3.3	裂缝处理	—	—	3958	1188	792	612	396	356
3.3.4	止水伸缩缝维修养护	—	—	713	356	214	183	143	93

表 31 灌区工程基本维修养护项目定额表(一)(续)

编号	项目	维修养护等级							
		一	二	三	四	五	六	七	八
3.3.5	拦污栅维修养护	—	—	337	149	140	115	84	70
3.4	涵洞工程维修养护	—	—	5952	2706	2226	1670	1337	1011
3.4.1	土方养护	—	—	132	88	66	58	52	44
3.4.2	混凝土破损修补	—	—	2481	1489	1395	986	837	620
3.4.3	裂缝处理	—	—	2639	792	528	420	285	238
3.4.4	止水伸缩缝维修养护	—	—	475	238	143	126	103	62
3.4.5	拦污栅维修养护	—	—	225	99	94	80	60	47
4	**水位标尺及标志牌维修养护**	**—**	**—**	**7200**	**5400**	**5400**	**3600**	**1800**	**1800**
4.1	标志牌维修养护	—	—	1200	900	900	600	300	300
4.2	水位标尺维修养护	—	—	6000	4500	4500	3000	1500	1500

8.3.2 灌区工程基本维修养护项目定额(二)按表 32 执行。

表32 灌区工程基本维修养护项目定额表(二)

单位:元/(座·年)

编号	项目	单位	定额		工作(工程)计算方法
1	渠道工程 维修养护		—		
1.1	生产交通桥 维修养护	元/座	三、四等级,1400		按实有数量计算
			五、六等级,550		
			七、八等级,400		
1.2	闸阀门维修养护	元	5%		按闸阀门资产的 5%计算
1.3	排洪沟维修养护	元/座	200		按排洪沟实有 维修数量计算
2	灌区工程清淤		—		
2.1	明渠清淤	元/m³	35.54		按实有清淤数量计算
2.2	暗渠清淤	元/m³	53.31		按实有清淤数量计算
3	附属设施及管理 区维修养护		—		
3.1	量测设施维修养护	元	10%		按量测设施资产的 10%计算
3.2	信息化系统 (通讯系统) 维修养护	元	10%		按信息化系统 (通讯系统) 资产的10%计算
3.3	防汛抢险 消防物资 保养更新	元	2%		按防汛抢险消防物资 资产的2%计算

8.3.3 灌区工程调整维修养护项目定额按表33执行。

表33 灌区工程调整维修养护项目定额表

编号	项目	单位	定额	工作(工程)计算方法
1	水闸工程维修养护		—	
1.1	闸室清淤	元/m³	35.54	按实有清淤数量计算
1.2	自动控制设施维修养护	元	按自动控制设备资产的5%计算	
1.3	自备发电机组维修养护	元	按自备发电机组资产的1%计算	
2	泵站工程维修养护		—	
2.1	闸门维修养护	元/座	一等级,27420 二等级,16452 三等级,5484 四等级,2742 五等级,665	按闸门实有数量计算
2.2	自备发电机组维修养护	元	按自备发电机组资产的1%计算	
2.3	自动控制设施维修养护	元	按自动控制设备资产的5%计算	
3	机井工程维修养护	元/眼	一等级,6000 二等级,4000	按机井实有数量计算
4	护渠林养护	元/株	5.27	按树木实有数量计算
5	渡槽安全鉴定	元	按有关规定执行	
6	倒虹吸安全鉴定	元	按有关规定执行	
7	隧洞安全鉴定	元	按有关规定执行	
8	涵洞安全鉴定	元	按有关规定执行	
9	附属设施及管理区维修养护		—	

表 33 灌区工程调整维修养护项目定额表(续)

编号	项目	单位	定额	工作(工程)计算方法
9.1	护栏、围墙、爬梯、扶手维修养护	元/m	钢丝网护栏,200	按实有工程量计算
		元/m³	砖围墙,580	
		元/t	钢爬梯、扶手,6500	
			不锈钢爬梯、扶手,25000	
9.2	管理区环境维修养护	元/m²	6.7	按管理区的面积计算
9.3	生产管理用房维修养护	元/m²	40	按生产管理用房实有维修面积计算
9.4	管理区道路维修养护	元/m²	135.05	按道路实有维修面积计算(压实厚度20cm)
10	涝池局部清淤	元	按有关规定执行,涝池局部清淤单价为52.7元/m³(运距5km)	
11	其他	元	上述项目未考虑到,但符合灌区实际发生的项目和国家、省委、省政府确定的重点任务	

8.3.4 灌区工程维修养护调整系数按表 34 执行。

表34 灌区工程维修养护调整系数表

序号	影响因素	基准	调整对象	调整系数
1	水闸孔口面积	一等维修养护等级:2400m²	表31:1.3.2 闸门维修养护	按直线内插或外延法计算
		二等维修养护等级:1800m²		
		三等维修养护等级:910m²		
		四等维修养护等级:525m²		
		五等维修养护等级:240m²		
		六等维修养护等级:150m²		
		七等维修养护等级:30m²		
		八等维修养护等级:10m²		
2	水闸孔口数量	一等维修养护等级:60孔	表31:1.3.2 闸门维修养护;1.3.3 启闭机维修养护	每增减1孔,系数增减1/60
		二等维修养护等级:45孔		每增减1孔,系数增减1/45
		三等维修养护等级:26孔		每增减1孔,系数增减1/26
		四等维修养护等级:15孔		每增减1孔,系数增减1/15
		五等维修养护等级:8孔		每增减1孔,系数增减1/8
		六等维修养护等级:5孔		每增减1孔,系数增减1/5
		七等维修养护等级:2孔		每增减1孔,系数增减1/2
		八等维修养护等级:1孔		每增减1孔,系数增减1

表34 灌区工程维修养护调整系数表(续)

序号	影响因素	基准	调整对象	调整系数
3	水闸过闸流量	一等维修养护等级:10000m³/s 二等维修养护等级:7500m³/s 三等维修养护等级:4000m³/s 四等维修养护等级:2000m³/s 五等维修养护等级:750m³/s 六等维修养护等级:300m³/s 七等维修养护等级:55m³/s 八等维修养护等级:10m³/s	表31: 1.3.1 水工建筑物维修养护	按直线内插或外延法计算
4	启闭机类型	卷扬式启闭机	表31:1.3.3 启闭机维修养护	螺杆式启闭机,系数调减0.3 油压式启闭机,系数调减0.1
5	水闸闸门类型	钢闸门	表31: 1.3.2 闸门维修养护	混凝土闸门,系数调减0.3 弧形钢闸门,系数调增0.1
6	接触水体	淡水	表31:1.3.1 水工建筑物维修养护; 1.3.2 闸门维修养护	盐碱水,系数调增0.1

表 34　灌区工程维修养护调整系数表 (续)

序号	影响因素	基准	调整对象	调整系数
7	运行时间	启闭机年运行 24h	表 31： 1.3.6 物料 动力消耗	运行时间 每增加 8h, 系数调增 0.2
8	过闸流量 小于 $10m^3/s$ 的水闸	过闸流量 $10m^3/s$ 的水闸	表 31： 等级八水闸 工程维修 养护项目	$5m^3/s \leqslant Q < 10m^3/s$, 系数调减 0.59 $3m^3/s \leqslant Q < 5m^3/s$, 系数调减 0.71 $Q < 3m^3/s$, 系数调减 0.84
9	泵站装 机容量	一等维修养护等级:10000kW 二等维修养护等级:7500kW 三等维修养护等级:3000kW 四等维修养护等级:550kW 五等维修养护等级:100kW	表 31： 1.4 泵站 工程维修 养护	按直线内插或 外延法计算
10	水泵类型	混流泵	表 31:1.4.1.1 主机组 维修养护	轴流泵, 系数调增 0.1
11	渠道 （渠首） 设计流量	一等维修养护等级:300m³/s 二等维修养护等级:200m³/s 三等维修养护等级:60m³/s 四等维修养护等级:17m³/s 五等维修养护等级:12m³/s 六等维修养护等级:7m³/s 七等维修养护等级:4m³/s 八等维修养护等级:2m³/s	表 31： 2 渠道工程 维修养护	按直线内插或 外延法计算

表 34 灌区工程维修养护调整系数表(续)

序号	影响因素	基准	调整对象	调整系数
12	渠顶石渣路面	土质路面	表31:2.1.1 渠顶土方养护	渠顶石渣路面,系数调减0.3
13	渠道衬砌工程	混凝土衬砌	表31:2.2 渠道防渗工程维修养护	浆砌石衬砌,系数调增0.2
14	渠道形式	土质渠道	表31:2渠道工程维修养护	钢管,系数调减0.2
				其他材质,系数调减0.3
15	渡槽(渠首)设计流量	一等维修养护等级:300m³/s	表31:3.1渡槽工程维修养护	按直线内插或外延法计算
		二等维修养护等级:200m³/s		
		三等维修养护等级:60m³/s		
		四等维修养护等级:17m³/s		
		五等维修养护等级:12m³/s		
		六等维修养护等级:7m³/s		
		七等维修养护等级:4m³/s		
		八等维修养护等级:2m³/s		
16	渡槽长度	100m	表31:3.1渡槽工程维修养护	每增减10m,系数增减0.1
17	渡槽结构	钢制槽身	表31:3.1渡槽工程维修养护	混凝土,系数调增0.2
				其他管材,系数调增0.3

表 34 灌区工程维修养护调整系数表（续）

序号	影响因素	基准	调整对象	调整系数
18	倒虹吸（渠首）设计流量	一等维修养护等级:300m³/s	表31:3.2 倒虹吸工程维修养护	按直线内插或外延法计算
		二等维修养护等级:200m³/s		
		三等维修养护等级:60m³/s		
		四等维修养护等级:17m³/s		
		五等维修养护等级:12m³/s		
		六等维修养护等级:7m³/s		
		七等维修养护等级:4m³/s		
		八等维修养护等级:2m³/s		
19	倒虹吸长度	100m	表31:3.2 倒虹吸工程维修养护	每增减10m,系数增减0.1
20	倒虹吸结构	钢管	表31:3.2 倒虹吸工程维修养护	混凝土管,系数调增0.2
				其他管材,系数调增0.3
21	隧洞（渠首）设计流量	一等维修养护等级:300m³/s	表31:3.3 隧洞工程维修养护	按直线内插或外延法计算
		二等维修养护等级:200m³/s		
		三等维修养护等级:60m³/s		
		四等维修养护等级:17m³/s		
		五等维修养护等级:12m³/s		
		六等维修养护等级:7m³/s		
		七等维修养护等级:4m³/s		
		八等维修养护等级:2m³/s		

表 34 灌区工程维修养护调整系数表(续)

序号	影响因素	基准	调整对象	调整系数
22	隧洞长度	100m	表31:3.3 隧洞工程维修养护	每增减 10m,系数增减 0.1
23	隧洞结构	混凝土结构	表31:3.3 隧洞工程维修养护	金属结构,系数调减 0.2
24	涵洞(渠首)设计流量	一等维修养护等级:300m³/s 二等维修养护等级:200m³/s 三等维修养护等级:60m³/s 四等维修养护等级:17m³/s 五等维修养护等级:12m³/s 六等维修养护等级:7m³/s 七等维修养护等级:4m³/s 八等维修养护等级:2m³/s	表31:3.4 涵洞工程维修养护	按直线内插或外延法计算
25	涵洞长度	100m	表31:3.4 涵洞工程维修养护	每增减 10m,系数增减 0.1
26	涵洞结构	混凝土结构	表31:3.4 涵洞工程维修养护	金属结构,系数调减 0.2
27	使用年限	工程投入使用 15 年以内	所有项目	每增加一年,系数增加 0.01,增至工程的设计使用年限为止

表 34　灌区工程维修养护调整系数表(续)

序号	影响因素	基准	调整对象	调整系数
28	灌区(管理所)所在地区海拔	1900~2500m	所有项目	2500~3000m, 系数调增 0.06
				3000~3500m, 系数调增 0.12
				3500~4000m, 系数调增 0.19
				4000~4500m, 系数调增 0.25
				4500~5000m, 系数调增 0.31
29	灌区(管理所)所在地区对维修养护材料运距的影响	《水利工程设计概(估)算编制规定》(水利部,水总〔2014〕429号)中青海省的二类区	所有项目	三类区,系数调增 0.02
				四类区,系数调增 0.04
				五类区,系数调增 0.06
				六类区,系数调增 0.08

8.3.5　灌区工程维修养护经费计算案例参见附录 C。

9 管护人员标准

9.1 水库工程管护人员标准

大、中型水库管护人员不少于 7 人;小(1)型水库管护人员不少于 3 人;小(2)型水库管护人员不少于 2 人。人员工资不低于当地最低工资标准。

9.2 堤防工程管护人员标准

2 级堤防工程管护人员为每 20 千米 1 人;3 级堤防工程管护人员为每 30 千米 1 人;4 级和 5 级堤防工程管护人员为每 40 千米 1 人。人员工资不低于当地最低工资标准。

9.3 灌区工程管护人员标准

灌区工程管护人员按骨干渠道的总长度计算,每 15 千米 1 人。人员工资不低于当地最低工资标准。

9.4 管护人员的统筹配备

管理单位兼管多个工程的,人员宜统筹配备。

附录 A

（资料性附录）

水库工程维修养护经费计算案例

A.1 现有某土石坝水库,水库总库容 V = 120 万 m^3,工程规模为小(1)型水库,坝高 H = 51.7m,坝长 L = 162m,闸门扇数 Z = 2,闸门类型为平板钢闸门,前坝坡护坡结构为干砌石,后坝坡护坡结构为干砌石,坝下防冲工程材质为干砌石,蓄水方式为非注入式,不存在廊道和竖井,混凝土防浪墙,水库于 1978 年竣工验收,2003年除险加固竣工验收,截至 2022 年使用年限为 19 年,坝顶高程为2290m,大坝所在地区为三类区。查表 1 总库容 V = 120 万 m^3,属维修养护等级三,但坝高 H 大于等级三 25m<H≤40m,其维修养护等级由等级三提升至等级二。

A.2 根据水库工程的坝型、坝高 H、坝长 L、闸(阀)门扇数 Z、闸(阀)门类型、前坝坡护坡结构、后坝坡护坡结构、坝下防冲工程材质、蓄水方式、是否存在廊道或竖井、坝型、防浪墙材质、使用年限、坝顶高程、大坝所在地区类型,查阅定额表 17 和表 27 确定水库工程基本维修养护项目(一)、(二)和调整维修养护项目的各调整系数,具体如下表所示。

A.3 水库工程基本维修养护项目(一)经费计算

查阅定额表 24,各维修养护项目基准定额乘以表 A.1 对应的调整系数,得到水库工程的基本维修养护项目(一)经费 $W_{基本1}$ = 485344 元,具体如下表所示。

表A.1 某水库各调整系数计算表

编号	影响因素	基准	调整对象	调整系数	水库调整系数取值
1	坝高	等级二，45m	表24:1.3 土石坝护坡维修养护；1.6 排水沟杂草清除；1.8 坝面面杂草清除	每增减1m，系数增减1/45	$X_1 = 1+(H-45) \times (1/45) =$ $1+(51.7-45) \times (1/45) = 1.15$
2	坝长	等级二，270m	表24:1.3 土石坝护坡维修养护；1.4 防浪墙维修养护；1.6 排水沟杂草清除；1.8 坝面面杂草清除	每增减10m，系数增减1/270	$X_2 = 1+(L-270) \times (1/270) =$ $1+(162-270) \times (1/270) = 0.96$
3	闸阀门扇数	等级二，2扇（闸门）	表24:4 闸门、阀门维修养护；5 启闭机维修养护	每增减1扇，系数增减1/2	$X_3 = 1+(Z-2) \times (1/2) = 1+(2-2) \times (1/2) = 1$
4	闸门类型	平板钢闸门	表24:4 闸门、阀门维修养护	弧形闸门，系数调增0.1 当维修养护等级为一至三等且闸门类型为阀门时，系数调减0.5	闸门类型为平板钢，$X_4 = 1$

表 A.1 某水库各调整系数计算表（续）

编号	影响因素	基准	调整对象	调整系数	水库调整系数取值
5	前坝坡护坡结构	干砌石	表24:1.3.2护坡干砌石维修养护	浆砌石，系数调减0.1，混凝土（垫板），系数调减0.2，混凝土预制块（方格梁），系数调减0.2	前坝坡护坡结构为干砌石，$X_5=1$
6	后坝坡护坡结构	土质	表24:1.3.1护坡土方维修养护	干砌石，系数调减0.1，浆砌石，系数调减0.15，混凝土，系数调减0.2，混凝土预制块（方格梁），系数调减0.2	后坝坡护坡结构为干砌石，$X_6=1-0.1=0.9$
7	坝下防冲工程	混凝土	表24:1.2坝下防冲工程混凝土翻修	干砌石，系数调增0.25，铅丝石笼，系数调增0.2，浆砌石，系数调增0.13	坝下防冲工程为干砌石，$X_7=1+0.25=1.25$
8	蓄水方式	注入式水库	表24:2引水设施维修养护	非注入式水库，调整系数为0	蓄水方式为非注入式，$X_8=0$

表 A.1 某水库各调整系数计算表（续）

编号	影响因素	基准	调整对象	调整系数	水库调整系数取值
9	廊道、竖井维修养护	水库具有廊道或竖井	表 24:1.3.1 护坡土方维修养护	其他坝型，系数调减 0.15	未设置廊道和竖井，$X_9 = 0$
10	坝型	土石坝	表 24:1.3.2 护坡干砌石维修养护	其他坝型，系数调减 0.1	土石坝，$X_{10} = 1$
			表 24:1.5 反滤设施维修养护	其他坝型，系数为 0	
			表 24:1.8 坝面杂草清除	其他坝型，系数调减 0.2	
11	防浪墙	浆砌石	表 24:1.4 防浪墙维修养护	混凝土，系数调减 0.12	防浪墙为混凝土，$X_{11} = 1 - 0.12 = 0.88$
12	使用年限	工程投入使用 10 年以内	所有项目	每增加 1 年数系增 0.01	使用年限为 19 年，$X_{12} = 1 + (N - 10) \times 0.01 = 1 + (19 - 10) \times 0.01 = 1.09$

· 65 ·

表 A.1 某水库各调整系数计算表（续）

编号	影响因素	基准	调整对象	调整系数	水库调整系数取值
13	坝顶高程	1900～2500m	所有项目	2500～3000m，系数调增 0.06	坝顶高程为 2290m，$X_{13}=1$
				3000～3500m，系数调增 0.12	
				3500～4000m，系数调增 0.19	
				4000～4500m，系数调增 0.25	
				4500～5000m，系数调增 0.31	
14	大坝所在地区对维修养护材料运距的影响	二类区	所有项目	三类区，系数调增 0.02	大坝所在地区属于三类区，$X_{14}=1+$ $0.02=1.02$
				四类区，系数调增 0.04	
				五类区，系数调增 0.06	
				六类区，系数调增 0.08	

表A.2　某水库基本维修养护项目（一）经费计算表

单位：元/（座·年）

编号	项目	基准定额（元）	调整系数		水库基本维修养护项目（一）经费计算（元）
			各调整系数	综合调整系数	
		A	$X_1、X_2、X_3 \cdots$	$X = X_1 \times X_2 \times X_3 \times \cdots$	$W = A \times X$
	合计	467823	—	—	485344
1	**主体工程维修养护**	289559	—	—	335319
1.1	混凝土空蚀剥蚀磨损处理及裂缝处理	97367	—	—	108078
1.1.1	混凝土空蚀剥蚀磨损处理	95662	$X_{12} = 1.09$ $X_{13} = 1$ $X_{14} = 1.02$	1.11	106185
1.1.2	混凝土裂缝处理	1705	$X_{12} = 1.09$ $X_{13} = 1$ $X_{14} = 1.02$	1.11	1893
1.2	坝下防冲工程混凝土翻修	7579	$X_7 = 1.25$ $X_{12} = 1.09$ $X_{13} = 1$ $X_{14} = 1.02$	1.39	10535

表 A.2 某水库基本维修养护项目（一）经费计算表（续）

编号	项目	基准定额 A	调整系数 各调整系数 $X_1, X_2, X_3, \cdots$	调整系数 综合调整系数 $X=X_1×X_2×X_3×\cdots$	水库基本维修养护项目（一）经费计算（元） $W=A×X$
1.3	土石坝护坡维修养护	80650	—	—	96708
1.3.1	护坡土方维修养护	19162	$X_1=1.15$ $X_2=0.96$ $X_6=0.9$ $X_{10}=1$ $X_{12}=1.09$ $X_{13}=1$ $X_{14}=1.02$	1.1	21078
1.3.2	护坡干砌石维修养护	61488	$X_1=1.15$ $X_2=0.96$ $X_5=1$ $X_{10}=1$ $X_{12}=1.09$ $X_{13}=1$ $X_{14}=1.02$	1.23	75630

表 A.2 某水库基本维修养护项目（一）经费计算表（续）

编号	项目	基准定额	调整系数		水库基本维修养护项目（一）经费计算（元）
		A	各调整系数 $X_1、X_2、X_3\cdots$	综合调整系数 $X=X_1\times X_2\times X_3\times\cdots$	$W=A\times X$
1.4	防浪墙维修养护	14136	$X_2=0.96$ $X_{11}=0.88$ $X_{12}=1.09$ $X_{13}=1$ $X_{14}=1.02$	0.94	13288
1.5	反滤设施维修养护	21660	$X_{10}=1$ $X_{12}=1.09$ $X_{13}=1$ $X_{14}=1.02$	1.11	24043
1.6	排水沟维修养护	43342	$X_1=1.15$ $X_2=0.96$ $X_{12}=1.09$ $X_{13}=1$ $X_{14}=1.02$	1.23	53311

表 A.2　某水库基本维修养护项目（一）经费计算表（续）

编号	项目	基准定额（元）A	调整系数		水库基本维修养护项目（一）经费计算（元）W＝A×X
			各调整系数 X_1，X_2，X_3…	综合调整系数 $X＝X_1×X_2×X_3×…$	
1.7	放水管维修养护	7025	$X_{12}=1.09$ $X_{13}=1$ $X_{14}=1.02$	1.11	7798
1.8	坝面杂草清除	15000	$X_1=1.15$ $X_2=0.96$ $X_{10}=1$ $X_{12}=1.09$ $X_{13}=1$ $X_{14}=1.02$	1.23	18450
1.9	防冻处理	2800	$X_{12}=1.09$ $X_{13}=1$ $X_{14}=1.02$	1.11	3108

表 A.2 某水库基本维修养护项目（一）经费计算表（续）

编号	项目	基准定额（元）A	调整系数		水库基本维修养护项目（一）经费计算（元）$W=A\times X$
			各调整系数 X_1、X_2、$X_3\cdots$	综合调整系数 $X=X_1\times X_2\times X_3\times\cdots$	
2	**引水设施维修养护**	**29793**	—	—	**0**
2.1	混凝土裂缝处理	7747	$X_8=0$ $X_{12}=1.09$ $X_{13}=1$ $X_{14}=1.02$	0	0
2.2	金属结构维修养护	13019	$X_8=0$ $X_{12}=1.09$ $X_{13}=1$ $X_{14}=1.02$	0	0
2.3	淤堵疏通	9027	$X_8=0$ $X_{12}=1.09$ $X_{13}=1$ $X_{14}=1.02$	0	0

表 A.2 某水库基本维修养护项目（一）经费计算表（续）

编号	项目	基准经费（元）A	调整系数 各调整系数 X_1、X_2、X_3…	调整系数 综合调整系数 $X = X_1 \times X_2 \times X_3 \times \cdots$	水库基本维修养护项目（一）经费计算（元）$W = A \times X$
3	廊道、竖井维修养护	13314	—	—	0
3.1	混凝土裂缝处理	3881	$X_9 = 0$ $X_{12} = 1.09$ $X_{13} = 1$ $X_{14} = 1.02$	0	0
3.2	防渗处理	9433	$X_9 = 0$ $X_{12} = 1.09$ $X_{13} = 1$ $X_{14} = 1.02$	0	0
4	闸门、阀门维修养护	35205	—	—	39078

表 A.2 某水库基本维修养护项目（一）经费计算表（续）

编号	项目	基准定额（见表A） A	调整系数 各调整系数 $X_1、X_2、X_3、\cdots$	调整系数 综合调整系数 $X=X_1\times X_2\times X_3\times\cdots$	水库基本维修养护项目（一）经费计算（元） $W=A\times X$
4.1	防腐处理	7205	$X_3=1$ $X_4=1$ $X_{12}=1.09$ $X_{13}=1$ $X_{14}=1.02$	1.11	7998
4.2	防冻处理	8400	$X_3=1$ $X_4=1$ $X_{12}=1.09$ $X_{13}=1$ $X_{14}=1.02$	1.11	9324
4.3	闸门、阀门检修维护	19600	$X_3=1$ $X_4=1$ $X_{12}=1.09$ $X_{13}=1$ $X_{14}=1.02$	1.11	21756

表 A.2 某水库基本维修养护项目（一）经费计算表（续）

编号	项目	基准定额（元）	调整系数		水库基本维修养护项目（一）经费计算（元）
		A	各调整系数 $X_1, X_2, X_3 \cdots$	综合调整系数 $X = X_1 \times X_2 \times X_3 \times \cdots$	$W = A \times X$
5	**启闭机维修养护**	**23152**	—	—	**25699**
5.1	机体表面防腐处理	7752	$X_3 = 1$ $X_{12} = 1.09$ $X_{13} = 1$ $X_{14} = 1.02$	1.11	8605
5.2	钢丝绳、连杆维修养护	9800	$X_3 = 1$ $X_{12} = 1.09$ $X_{13} = 1$ $X_{14} = 1.02$	1.11	10878
5.3	传（制）动系统维修养护	5600	$X_3 = 1$ $X_{12} = 1.09$ $X_{13} = 1$ $X_{14} = 1.02$	1.11	6216

表 A.2 某水库基本维修养护项目(一)经费计算表(续)

编号	项目	基准定额（元） A	调整系数		水库基本维修养护项目（一）经费计算（元）
			各调整系数 X_1、X_2、$X_3\cdots$	综合调整系数 $X=X_1\times X_2\times X_3\times\cdots$	$W=A\times X$
6	**机电设备维修养护**	**53200**	—	—	**59052**
6.1	电动机维修养护	21000	$X_{12}=1.09$ $X_{13}=1$ $X_{14}=1.02$	1.11	23310
6.2	操作系统维修养护	8400	$X_{12}=1.09$ $X_{13}=1$ $X_{14}=1.02$	1.11	9324
6.3	输配电设施维修养护	19600	$X_{12}=1.09$ $X_{13}=1$ $X_{14}=1.02$	1.11	21756
6.4	避雷设施维修养护	4200	$X_{12}=1.09$ $X_{13}=1$ $X_{14}=1.02$	1.11	4662

表 A.2 某水库基本维修养护项目（一）经费计算表（续）

编号	项目	基准定额 A	调整系数 $X_1、X_2、X_3\cdots$	综合调整系数 $X=X_1\times X_2\times X_3\times\cdots$	水库基本维修养护项目（一）经费计算（元） $W=A\times X$
7	水位标尺及标志牌维修养护	14500	—	—	16095
7.1	标志牌维修养护	4000	$X_{12}=1.09$ $X_{13}=1$ $X_{14}=1.02$	1.11	4440
7.2	水位标尺维修养护	10500	$X_{12}=1.09$ $X_{13}=1$ $X_{14}=1.02$	1.11	11655
8	监测数据整编分析	9100	$X_{12}=1.09$ $X_{13}=1$ $X_{14}=1.02$	1.11	10101

A.4 水库工程基本维修养护项目(二)经费计算

查阅定额表25,各维修养护项目定额之和乘以表 A.1 的水库使用年限、坝顶高程、大坝所在地区调整系数,得到该水库的基本维修养护项目(二)经费 $W_{基本2} = X_{12} \times X_{13} \times X_{14} \times (W_1 + W_2 + W_3 + \cdots)$, 具体如下表所示。

表 A.3 某水库基本维修养护项目(二)经费计算表

编号	项目	资产原值 (元)	计算系数	水库基本维修养护项目(二)经费计算(元)
		B	Y	$W = B \times Y$
1	供水抽排水系统维修养护	B_1	0.015	W_1
2	附属设施及管理区维修养护	—	—	—
2.1	照明设施维修养护	B_2	0.03	W_2
2.2	自动信息化系统维修养护	—	—	—
2.2.1	水雨情测报设施维修养护	B_3	0.1	W_3
2.2.2	信息化系统(通讯系统)维修养护	B_4	0.1	W_4
2.2.3	大坝安全监测设施维修养护	B_5	0.1	W_5
2.3	防汛抢险消防物资保养更新	B_6	0.02	W_6

A.5 水库工程调整维修养护项目经费计算

查阅定额表26,各维修养护项目基准定额之和乘以表 A.1 的水库使用年限、坝顶高程、大坝所在地区调整系数,得到该水库的调整维修养护项目经费 $W_{调整} = X_{12} \times X_{13} \times X_{14} \times (W_1 + W_2 + W_3 + \cdots)$, 具体如下表所示。

表 A.4 某水库调整维修养护项目经费计算表

编号	项目	单位	基准定额 A	工作(工程量)计算方法	工程量 G	经费 W = A×G
1	混凝土面板表面养护	元/m³	800	—	G_1	W_1
2	闸阀门止水更换			按实有维修工程量计算		W_2
3	设备更换		闸门、阀门、启闭机、机电等设备更换			W_3
4	附属设施及管理区维修养护			—		
4.1	护栏、围墙、爬梯、扶手维修养护	元/m	钢丝网护栏,200		G_4	W_4
		元/m³	砖围墙,580	按实有工程量计算	G_5	W_5
		元/t	钢爬梯、扶手,6500		G_6	W_6
			不锈钢爬梯、扶手,25000		G_7	W_7
4.2	管理区环境维修养护	元/m²	6.7	按管理区的面积计算	G_8	W_8
4.3	应急电源维修养护	元/kW	60	按应急电源实有功率计算	G_9	W_9
4.4	生产管理用房维修养护	元/m²	40	按生产管理用房实有维修面积计算	G_{10}	W_{10}

表 A.4 某水库调整维护养护项目经费计算表（续）

编号	项目	单位	基准定额 A		工作(工程量)计算方法	工程量 G	经费(元) W = A×G
4.5	防汛道路(工作桥、交通桥)维修养护	元/m²	泥结碎石路面，49.64	按实有道路维修面积计算(压实厚度20cm)	G_{11}	W_{11}
			混凝土路面，135.05		G_{12}	W_{12}
			沥青混凝土路面，204.25		G_{13}	W_{13}
4.6	垃圾围坝整治	元/工日	140	按实有工工日计算	G_{14}	W_{14}
4.7	交通洞维修养护	元		按有关规定执行		W_{15}
5	大坝安全鉴定	元		按有关规定执行		W_{16}
6	水库大坝安全监测系统鉴定	元		按有关规定执行		W_{17}
7	水库隐患探测	元		按有关规定执行		W_{18}
8	水库清淤	元	按有关规定执行，水库清淤单价为52.7元/m³(运距5km)		G_{21}	W_{19}
9	方案预案	元		按有关规定执行		W_{20}
10	其他	元	上述项目未考虑到，但符合水库实际发生的项目和国家、省委、省政府确定的重点任务			W_{21}

A.6 水库工程维修养护项目总经费

该水库工程维修养护项目总经费 $W_{总} = W_{基本1} + W_{基本2} + W_{调整} = 485344$ 元 $+ W_{基本2} + W_{调整}$。

A.7 水库工程管护人员标准

该水库工程库容 $V = 120$ 万 m^3，为小（1）型水库，管护人员标准不少于 3 人。

附录 B

(资料性附录)

堤防工程维修养护经费计算案例

B.1 现有某段堤防,堤防防洪标准为 30 年一遇,长度 L=3000m, 堤身高度 H=3.5m,类型为浆砌石,防汛道路路面类型为土质路面,堤防(管理所)所在地区类型为四类区,海拔为 3100m。

B.2 根据堤防的等级查阅表 2,确定维修养护等级为三级。根据堤防工程的堤身高度、类型、防汛道路路面类型、土质类别、堤防(管理所)所在地区海拔及地区类型,查阅定额表 18 和表 30 确定堤防工程的基本维修养护项目和调整维修养护项目的各调整系数,具体如表 B.1 所示。

B.3 堤防基本维修养护项目

查阅定额表 28,各维修养护项目基准定额乘以表 B.1 对应的调整系数,得到堤防工程的基本维修养护项目经费 $W_{基本1}=23384$ 元/km×L/1000=70152 元,具体如表 B.2 所示。

B.4 堤防工程调整维修养护项目经费计算

查阅定额表 29,各维修养护项目基准定额之和乘以表 B.1 的土质类别、堤防(管理所)所在地区海拔、堤防(管理所)所在地区对维修养护材料运距的影响的调整系数,得到该堤防工程的调整维修养护项目经费 $W_{调整}=X_4×X_5×X_6×(W_1+W_2+W_3+\cdots)$,具体如表 B.3 所示。

表 B.1 某堤防工程各调整系数计算表

编号	影响因素	基准	调整对象	调整系数	调整系数取值
1	堤身高度	等级三，3m	表 28:2 堤坡 土方养护；3 防汛道路养护	每增减 1m，系数增减 0.1	$X_1=1+(H-3)\times0.1=$ $1+(3.5-3)\times0.1=1.05$
2	堤身类型	土质	表 28:2 堤坡 土方养护	干砌石，系数调增 0.1 宾格网箱，系数调增 0.12 浆砌石，系数调增 0.2 混凝土，系数调增 0.5	该堤防的堤身类型为浆砌石，$X_2=1+0.2=1.2$
3	防汛道路 路面类型	泥结碎石	表 28:3 防汛道路养护	土质路面，系数调减 0.4 混凝土路面，系数调增 0.2 沥青混凝土路面，系数调增 0.3	该堤防的防汛道路路面类型为土质路面，$X_3=1-0.4=0.6$
4	土质类别	壤土	所有项目	黏土，系数调减 0.2	该堤防的土质类别为壤土，$X_4=1$

表 B.1 某堤防工程各调整系数计算表（续）

编号	影响因素	基准	调整对象	调整系数	调整系数取值
5	堤防（管理所）所在地区海拔	1900~2500m	所有项目	2500~3000m，系数调增 0.06	该堤防（管理所）所在地区海拔为 3100m，$X_5 = 1 + 0.12 = 1.12$
				3000~3500m，系数调增 0.12	
				3500~4000m，系数调增 0.19	
				4000~4500m，系数调增 0.25	
				4500~5000m，系数调增 0.31	
6	堤防（管理所）所在地区对维修养护材料运距的影响	二类区	所有项目	三类区，系数调增 0.02	该堤防（管理所）所在地区属于四类区，$X_6 = 1 + 0.04 = 1.04$
				四类区，系数调增 0.04	
				五类区，系数调增 0.06	
				六类区，系数调增 0.08	

表 B. 2 某堤防基本维修养护项目经费计算表

单位:元/(km·年)

编号	项目	基准定额（元） A	调整系数 X_1、X_2、X_3…	综合调整系数 $X = X_1 \times X_2 \times X_3 \times …$	基本维修养护项目经费计算（元/km） $W = A \times X$
	合计	20705	—	—	23384
1	堤顶维修养护	3191	—	—	3701
1.1	土方养护	3089	$X_4 = 1$ $X_5 = 1.12$ $X_6 = 1.04$	1.16	3583
1.2	边埂整修	102	$X_4 = 1$ $X_5 = 1.12$ $X_6 = 1.04$	1.16	118
2	堤坡土方养护	8972	$X_1 = 1.05$ $X_2 = 1.2$ $X_4 = 1$ $X_5 = 1.12$ $X_6 = 1.04$	1.47	13189
3	防汛道路养护	7942	$X_1 = 1.05$ $X_3 = 0.6$ $X_4 = 1$ $X_5 = 1.12$ $X_6 = 1.04$	0.73	5798
4	标志牌维修养护	600	$X_4 = 1$ $X_5 = 1.12$ $X_6 = 1.04$	1.16	696

表 B.3 某堤防调整维修养护项目经费计算表

编号	项目	单位	基准定额	工作(工程量)计算方法	工程量	经费(元)
				—	G	$W = A×G$
1	堤顶路沿石维修养护	元/km	2100	按实有工程量计算	G_1	W_1
2	堤防基础修复	元/m³	宾格网网箱,256.08	按实有维护的体积计算	G_2	W_2
			抛石,155.19		G_3	W_3
3	防浪墙维修养护	元/m³	504.86	按实有维护的体积计算	G_4	W_4
4	护栏维修养护	元/m	钢丝网护栏,200	按实有工程量计算	G_5	W_5
			大理石护栏裂缝修复,210		G_6	W_6
			大理石护栏安装,715		G_7	W_7
5	防汛抢险消防物资保养更新	元	2%	按防汛抢险消防物资资产的2%计算	G_8	W_8
6	信息化系统(通讯系统)维修养护	元	10%	按信息化系统(通讯系统)资产的10%计算	G_9	W_9
7	堤防安全鉴定	元	按有关规定执行		G_{10}	W_{10}

表 B.3 某堤防调整维修养护项目经费计算表（续）

编号	项目	单位	基准定额 A	工作（工程量）计算方法	工程量 G	经费（元）W＝A×G
8	堤防隐患探测	元	按有关规定执行		G	W_{11}
9	潜坝、丁坝维修养护	元/m³	宾格网箱,221.61	按实有维护的体积计算	G_{12}	W_{12}
			混凝土,822.85		G_{13}	W_{13}
10	穿堤建筑物结合部位维修养护	元/m³	干砌石,204.96	按实有维护的体积计算	G_{14}	W_{14}
			宾格网箱,221.61		G_{15}	W_{15}
			浆砌石,339.53		G_{16}	W_{16}
			混凝土,822.85		G_{17}	W_{17}
11	其他	元	上述项目未考虑到，但符合堤防实际发生的项目和国家、省委、省政府确定的重点任务			W_{18}

B.5 堤防工程维修养护项目总经费

该堤防工程维修养护项目总经费 $W_{总} = W_{基本} + W_{调整} = 70152$ 元$+W_{调整}$。

B.6 堤防工程管护人员标准

堤防防洪标准为 30 年一遇,长度 L=3000m,管护人员最低标准为 1 人。不满足每 30 千米 1 人的要求,可与其他工程统筹配备管护人员。

C.1 现有某灌区工程，渠首设计过水流量 $5m^3/s$，骨干渠道长度 $L_{渠道}=50km$，土质渠道，渠顶为石渣路面，渠道混凝土衬砌，混凝土渡槽长度 $L_{渡槽}=200m$，混凝土倒虹吸长度 $L_{倒虹吸}=200m$，混凝土隧洞长度 $L_{隧洞}=200m$，混凝土涵洞长度 $L_{涵洞}=200m$。灌区投入运行的使用年限为20年，灌区（管理所）所在地区类型为二类区，海拔为2000m。

C.2 根据渠首设计过水流量，通过查阅定额表3，确定该灌区渠道工程和渠系建筑物工程的维修养护等级为六级。灌区工程中有溢流坝工程（等级五）1座、涝池工程（等级三）1座、水闸工程（等级八）1座、泵站工程（等级五）1座和机井工程（等级二）1座。

C.3 根据渠道（渠首）设计流量、渠顶路面、渠道衬砌方式、渠道形式，渡槽（渠首）设计流量、长度 $L_{渡槽}$ 及结构形式，倒虹吸（渠首）设计流量、长度 $L_{倒虹吸}$ 及结构形式，隧洞（渠首）设计流量、长度 $L_{隧洞}$ 及结构形式，涵洞（渠首）设计流量、长度 $L_{涵洞}$ 及结构形式，使用年限、灌区（管理所）所在地区海拔、灌区（管理所）所在地区对维修养护材料运距的影响，查阅定额表19和表34以确定灌区工程基本维修养护项目（一）、基本维修养护项目（二）和调整维修养护项目的各调整系数，见下表。

表 C.1 某灌区工程各调整系数计算表

序号	影响因素	基准	调整对象	调整系数	调整系数取值
1	水闸孔口面积	等级八，10m²	表31：1.3.2闸门维修养护	按直线内插或外延法计算	$X_1 = 1$
2	水闸孔口数量	等级八，1孔	表31：1.3.2闸门维修养护；1.3.3启闭机维修养护	每增减1孔，系数增减1	$X_2 = 1$
3	水闸过闸流量	等级八，10m³/s	表31：1.3.1水工建筑物维修养护	按直线内插或外延法计算	$X_3 = 1$
4	启闭机类型	卷扬式启闭机	表31：1.3.3启闭机维修养护	螺杆式启闭机，系数调减0.3 油压式启闭机，系数调减0.1	$X_4 = 1$
5	水闸闸门类型	钢闸门	表31：1.3.2闸门维修养护	混凝土闸门，系数调减0.3 弧形钢闸门，系数调增0.1	$X_5 = 1$
6	接触水体	淡水	表31：1.3.1水工建筑物维修养护；1.3.2闸门维修养护	盐碱水，系数调增0.1	$X_6 = 1$
7	运行时间	启闭机年运行24h	表31：1.3.6物料动力消耗	运行时间每增加8h，系数调增0.2	$X_7 = 1$

表 C.1 某灌区工程各调整系数计算表(续)

序号	影响因素	基准	调整对象	调整系数	调整系数取值
8	过闸流量小于 $10m^3/s$ 的水闸	过闸流量 $10m^3/s$ 的水闸	表31:等级八水闸基本维修养护项目	$5m^3/s \leqslant Q < 10m^3/s$,系数调减 0.59	$X_8 = 1$
				$3m^3/s \leqslant Q < 5m^3/s$,系数调减 0.71	
				$Q < 3m^3/s$ 时,系数调减 0.84	
9	泵站装机容量	等级五,100kW	表31:1.4泵站工程维修养护	按直线内插或外延法计算	$X_9 = 1$
10	水泵类型	混流泵	表31:1.4.1.1主机组维修养护	轴流泵系数增加 0.1	$X_{10} = 1$
11	渠道(渠首)设计流量	等级六,$7m^3/s$,7003 元	表31:2渠道工程维修养护	按直线内插或外延法计算	$X_{11} = (7003 - ((7-5)/(7-4) \times (7003 - 5325)))/7003 = 0.84$
		等级七,$4m^3/s$,5325 元			
12	渠顶石渣路面	土质路面	表31:2.1.1渠顶土方养护	渠顶石渣路面,系数调减 0.3	$X_{12} = 1 - 0.3 = 0.7$
13	渠道衬砌工程	混凝土衬砌	表31:2.2渠道防渗工程维修养护	浆砌石衬砌,系数调增 0.2	$X_{13} = 1$

表 C.1 某灌区工程各调整系数计算表(续)

序号	影响因素	基准	调整对象	调整系数	调整系数取值
14	渠道形式	土质渠道	表 31:2 渠道工程 维修养护	钢管,系数调减 0.2	$X_{14} = 1$
				其他材质, 系数调减 0.3	
15	渡槽 (渠首) 设计流量	等级六, 7m³/s, 5102 元	表 31:3.1 渡槽工程 维修养护	按直线内插或 外延法计算	$X_{15} = (5102 - ((7-5)/(7-4) \times (5102 - 3812)))/5102 = 0.83$
		等级七, 4m³/s, 3812 元			
16	渡槽长度	100m	表 31:3.1 渡槽工程 维修养护	每增减 10m, 系数增减 0.1	$X_{16} = 1 + (L-100) \times (1/10) \times 0.1 = 1 + (200 - 100) \times (1/10) \times 0.1 = 2$
17	渡槽结构	钢制槽身	表 31:3.1 渡槽工程 维修养护	混凝土槽身, 系数调增 0.2	混凝土渡槽 $X_{17} = 1 + 0.2 = 1.2$
				其他管材, 系数调增 0.3	

表 C.1　某灌区工程各调整系数计算表（续）

序号	影响因素	基准	调整对象	调整系数	调整系数取值
18	倒虹吸（渠首）设计流量	等级六，$7m^3/s$，5089 元 等级七，$4m^3/s$，4044 元	表 31：3.2 倒虹吸工程维修养护	按直线内插或外延法计算	$X_{18}=(5089-((7-5)/(7-4)\times(5089-4044)))/5089=0.86$
19	倒虹吸长度	100m	表 31：3.2 倒虹吸工程维修养护	每增减 10m，系数增减 0.1	$X_{19}=1+(L-100)\times(1/10)\times0.1=1+(200-100)\times(1/10)\times0.1=2$
20	倒虹吸结构	钢管	表 31：3.2 倒虹吸工程维修养护	混凝土管，系数调增 0.2 其他管材，系数调增 0.3	混凝土倒虹吸 $X_{20}=1+0.2=1.2$
21	隧洞（渠首）设计流量	等级六，$7m^3/s$，2431 元 等级七，$4m^3/s$，1859 元	表 31：3.3 隧洞工程维修养护	按直线内插或外延法计算	$X_{21}=(2431-((7-5)/(7-4)\times(2431-1859)))/2431=0.84$

表 C.1　某灌区工程各调整系数计算表(续)

序号	影响因素	基准	调整对象	调整系数	调整系数取值
22	隧洞长度	100m	表31:3.3 隧洞工程 维修养护	每增减10m, 系数增减0.1	$X_{22}=1+(L-100)\times(1/10)\times0.1=1+(200-100)\times(1/10)\times0.1=2$
23	隧洞结构	混凝土 结构	表31:3.3 隧洞工程 维修养护	金属结构, 系数调减0.2	混凝土隧洞, $X_{23}=1$
24	涵洞 (渠首) 设计流量	等级六, $7m^3/s$, 1670元 等级七, $4m^3/s$, 1337元	表31:3.4 涵洞工程 维修养护	按直线内插或 外延法计算	$X_{24}=(1670-((7-5)/(7-4)\times(1670-1337)))/1670=0.87$
25	涵洞长度	100m	表31:3.4 涵洞工程 维修养护	每增减10m, 系数增减0.1	$X_{25}=1+(L-100)\times(1/10)\times0.1=1+(200-100)\times(1/10)\times0.1=2$
26	涵洞结构	混凝土 结构	表31:3.4 涵洞工程 维修养护	金属结构, 系数调减0.2	混凝土涵洞, $X_{26}=1$

表 C.1 某灌区工程各调整系数计算表(续)

序号	影响因素	基准	调整对象	调整系数	调整系数取值
27	使用年限	工程投入使用15年以内	所有项目	每增加一年系数增加0.01	使用年限为20年,$X_{27} = 1 + (20-15) \times 0.01 = 1.05$
28	灌区(管理所)所在地区海拔	1900~2500m	所有项目	2500~3000m,系数调增0.06	灌区(管理所)所在地区海拔为2000m,$X_{28} = 1$
				3000~3500m,系数调增0.12	
				3500~4000m,系数调增0.19	
				4000~4500m,系数调增0.25	
				4500~5000m,系数调增0.31	
29	灌区(管理所)所在地区对维修养护材料运距的影响	二类区	所有项目	三类区,系数调增0.02	灌区(管理所)所在地区属于二类区,$X_{29} = 1$
				四类区,系数调增0.04	
				五类区,系数调增0.06	
				六类区,系数调增0.08	

C.4 灌区工程基本维修养护项目(一)经费计算

查阅定额表31,各维修养护项目基准定额乘以表 C.1 对应的调整系数,得到该灌区工程的基本维修养护项目(一)经费 $W_{基本1} = 362754$ 元,具体如下表所示。

表 C.2 某灌区工程基本维修养护项目（一）经费计算表

单位：元/(座·年)

编号	项目	基准定额（元）A	调整系数		水库基本维修养护项目（一）经费计算/元
			各调整系数 X_1、X_2、X_3…	综合调整系数 $X=X_1 \times X_2 \times X_3 \times \cdots$	$W=A \times X$
	合计	—	—	—	362754
1	渠首工程维修养护	—	—	—	61134
1.1	溢流坝工程维修养护	2533（等级五）	$X_{27}=1.05$ $X_{28}=1$ $X_{29}=1$	1.05	2660
1.2	游池工程维修养护	2561（等级三）	$X_{27}=1.05$ $X_{28}=1$ $X_{29}=1$	1.05	2689

表 C.2 某灌区工程基本修养养护项目（一）经费计算表（续）

编号	项目	基准定额（四等）A	调整系数		水库基本维修养护项目（一）经费计算（元）W＝A×X
			各调整系数 $X_1, X_2, X_3 \cdots$	综合调整系数 $X=X_1×X_2×X_3×\cdots$	
1.3	水闸工程维修养护	19843（等级八）	$X_1=1$ $X_2=1$ $X_3=1$ $X_4=1$ $X_5=1$ $X_6=1$ $X_7=1$ $X_8=1$ $X_{27}=1.05$ $X_{28}=1$ $X_{29}=1$	1.05	20835

表 C.2 某灌区工程基本维修养护项目（一）经费计算表（续）

编号	项目	基准定额 A	调整系数 $X_1, X_2, X_3 \cdots$	调整系数 综合调整系数 $X = X_1 \times X_2 \times X_3 \times \cdots$	水库基本维修养护项目（一）经费计算（元）$W = A \times X$
1.4	泵站工程维修养护	33286（等级五）	$X_9 = 1$ $X_{10} = 1$ $X_{27} = 1.05$ $X_{28} = 1$ $X_{29} = 1$	1.05	34950
2	渠道工程维修养护	7003	—	—	**5376 元/km×** **50km=268800**
2.1	土方养护	5496	$X_{11} = 0.84$ $X_{12} = 0.7$ $X_{14} = 1$ $X_{27} = 1.05$ $X_{28} = 1$ $X_{29} = 1$	—	4050
2.1.1	渠顶土方养护	3023		0.62	1874

表 C.2 某灌区工程基本维修养护项目（一）经费计算表（续）

编号	项目	基准定额（元）A	调整系数		水库基本维修养护项目（一）经费计算（元）W = A×X
			各调整系数 X_1、X_2、X_3…	综合调整系数 $X = X_1 \times X_2 \times X_3 \times$…	
2.1.2	渠坡土方养护	2473	$X_{11}=0.84$ $X_{14}=1$ $X_{27}=1.05$ $X_{28}=1$ $X_{29}=1$	0.88	2176
2.2	渠道防渗工程维修养护	265	$X_{11}=0.84$ $X_{13}=1$ $X_{14}=1$ $X_{27}=1.05$ $X_{28}=1$ $X_{29}=1$	0.88	233

表 C.2 某灌区工程基本维修养护项目（一）经费计算表（续）

编号	项目	基准定额（元） A	调整系数 各调整系数 X_1、X_2、X_3…	调整系数 综合调整系数 $X=X_1×X_2×X_3×…$	水库基本维修养护项目（一）经费计算（元） $W=A×X$
2.3	跌水陡坡维修养护	1242	$X_{11}=0.84$ $X_{14}=1$ $X_{27}=1.05$ $X_{28}=1$ $X_{29}=1$	0.88	1093
3	渠系建筑物工程维修养护	—	—	—	**29040**
3.1	渡槽工程维修养护	5102	—	—	10663
3.1.1	土方养护	972	$X_{15}=0.83$ $X_{16}=2$ $X_{17}=1.2$ $X_{27}=1.05$ $X_{28}=1$ $X_{29}=1$	2.09	2031

表 C.2 某灌区工程基本维修养护项目（一）经费计算表（续）

编号	项目	基准定额 A	调整系数		水库基本维修养护项目（一）经费计算（元） W=A×X
			调整参数 X_1、X_2、X_3…	综合调整系数 $X=X_1 \times X_2 \times X_3 \times …$	
3.1.2	槽身及配件设施维修养护	4130	$X_{15}=0.83$ $X_{16}=2$ $X_{17}=1.2$ $X_{27}=1.05$ $X_{28}=1$ $X_{29}=1$	2.09	8632
3.2	倒虹吸工程维修养护	5089	—	—	11043
3.2.1	土方养护	1099	$X_{18}=0.86$ $X_{19}=2$ $X_{20}=1.2$ $X_{27}=1.05$ $X_{28}=1$ $X_{29}=1$	2.17	2385

表 C.2 某灌区工程基本维修养护项目（一）经费计算表（续）

编号	项目	基准定额（元）A	调整系数		水库基本维修养护项目（一）经费计算（元）
			各调整系数 $X_1, X_2, X_3 \cdots$	综合调整系数 $X_1 \times X_2 \times X_3 \cdots$	$W = A \times X$
3.2.2	倒虹吸管维修养护	3500	$X_{18} = 0.86$ $X_{19} = 2$ $X_{20} = 1.2$ $X_{27} = 1.05$ $X_{28} = 1$ $X_{29} = 1$	2.17	7595
3.2.3	配件设施维修养护	490	$X_{18} = 0.86$ $X_{19} = 2$ $X_{20} = 1.2$ $X_{27} = 1.05$ $X_{28} = 1$ $X_{29} = 1$	2.17	1063
3.3	隧洞工程维修养护	2431	—	—	4278

表 C.2　某灌区工程基本维修养护项目(一)经费计算表(续)

编号	项目	基准定额(元) A	调整系数		水库基本维修养护项目(一)经费计算(元)
			各调整系数 X_1、X_2、X_3…	综合调整系数 $X = X_1 \times X_2 \times X_3 \times \cdots$	$W = A \times X$
3.3.1	土方养护	84	$X_{21} = 0.84$ $X_{22} = 2$ $X_{23} = 1$ $X_{27} = 1.05$ $X_{28} = 1$ $X_{29} = 1$	1.76	148
3.3.2	混凝土破损修补	1437	$X_{21} = 0.84$ $X_{22} = 2$ $X_{23} = 1$ $X_{27} = 1.05$ $X_{28} = 1$ $X_{29} = 1$	1.76	2529

表 C.2 某灌区工程基本维修养护项目（一）经费计算表（续）

编号	项目	基准定额（元）A	调整系数		水库基本维修养护项目（一）经费计算（元）W = A×X
			各调整系数 X_1、X_2、X_3…	综合调整系数 $X = X_1 \times X_2 \times X_3 \times \cdots$	$W = A \times X$
3.3.3	裂缝处理	612	$X_{21} = 0.84$ $X_{22} = 2$ $X_{23} = 1$ $X_{27} = 1.05$ $X_{28} = 1$ $X_{29} = 1$	1.76	1077
3.3.4	止水伸缩缝维修养护	183	$X_{21} = 0.84$ $X_{22} = 2$ $X_{23} = 1$ $X_{27} = 1.05$ $X_{28} = 1$ $X_{29} = 1$	1.76	322

表 C.2 某灌区工程基本维修养护项目（一）经费计算表（续）

编号	项目	基准定额 A	调整系数 各调整系数 X_1、X_2、X_3…	调整系数 综合调整系数 $X=X_1×X_2×X_3×…$	水库基本维修养护项目（一）经费计算（元） $W=A×X$
3.3.5	挡污栅维修养护	115	$X_{21}=0.84$ $X_{22}=2$ $X_{23}=1$ $X_{27}=1.05$ $X_{28}=1$ $X_{29}=1$	1.76	202
3.4	涵洞工程维修养护	1670	—	—	3056
3.4.1	土方养护	58	$X_{24}=0.87$ $X_{25}=2$ $X_{26}=1$ $X_{27}=1.05$ $X_{28}=1$ $X_{29}=1$	1.83	106

表 C.2　某灌区工程基本维修养护项目（一）经费计算表（续）

编号	项目	基准定额（元）A	调整系数 各调整系数 $X_1, X_2, X_3 \cdots$	调整系数 综合调整系数 $X = X_1 \times X_2 \times X_3 \times \cdots$	水库基本维修养护项目（一）经费计算（元）$W = A \times X$
3.4.2	混凝土破损修补	986	$X_{24} = 0.87$ $X_{25} = 2$ $X_{26} = 1$ $X_{27} = 1.05$ $X_{28} = 1$ $X_{29} = 1$	1.83	1804
3.4.3	裂缝处理	420	$X_{24} = 0.87$ $X_{25} = 2$ $X_{26} = 1$ $X_{27} = 1.05$ $X_{28} = 1$ $X_{29} = 1$	1.83	769

表 C.2 某灌区工程基本维修养护项目（一）经费计算表（续）

编号	项目	基准定额（元）A	调整系数		水库基本维修养护项目（一）经费计算（元）$W=A \times X$
			各调整系数 X_1、X_2、X_3…	综合调整系数 $X=X_1 \times X_2 \times X_3 \times \cdots$	
3.4.4	止水伸缩缝维修养护	126	$X_{24}=0.87$ $X_{25}=2$ $X_{26}=1$ $X_{27}=1.05$ $X_{28}=1$ $X_{29}=1$	1.83	231
3.4.5	拦污栅维修养护	80	$X_{24}=0.87$ $X_{25}=2$ $X_{26}=1$ $X_{27}=1.05$ $X_{28}=1$ $X_{29}=1$	1.83	146

表 C.2 某灌区工程基本维修养护项目（一）经费计算表（续）

编号	项目	基准定额（元）	调整系数		水库基本维修养护项目（一）经费计算（元）
			各调整系数	综合调整系数	
		A	X_1、X_2、X_3 …	$X = X_1 \times X_2 \times X_3 \times$ …	$W = A \times X$
4	水位标尺及标志牌维修养护	3600	—	—	3780
4.1	标志牌维修养护	600	$X_{27} = 1.05$ $X_{28} = 1$ $X_{29} = 1$	1.05	630
4.2	水位标尺维修养护	3000	$X_{27} = 1.05$ $X_{28} = 1$ $X_{29} = 1$	1.05	3150

C.5 灌区工程基本维修养护项目(二)经费计算

查阅定额表32,各维修养护项目定额之和乘以表 C.1 的灌区使用年限、灌区(管理所)所在地区海拔、灌区(管理所)所在地区对维修养护材料运距的影响调整系数,得到该灌区工程的基本维修养护项目(二)经费 $W_{\text{基本2}} = X_{27} \times X_{28} \times X_{29} \times (W_1 + W_2 + \cdots)$。

C.6 灌区工程调整维修养护项目经费计算

查阅定额表33,各维修养护项目定额之和乘以表 C.1 的灌区使用年限、灌区(管理所)所在地区海拔、灌区(管理所)所在地区对维修养护材料运距的影响调整系数,得到该灌区调整维修养护项目的经费 $W_{\text{调整}} = X_{27} \times X_{28} \times X_{29} \times (W_1 + W_2 + \cdots)$。

C.7 灌区工程维修养护项目总经费

灌区工程维修养护项目总经费 $W_{\text{总}}$ 为基本维修养护项目(一)经费 $W_{\text{基本1}}$、基本维修养护项目(二)经费 $W_{\text{基本2}}$、调整维修养护项目经费 $W_{\text{调整}}$ 三者之和,即 $W_{\text{总}} = 362754$ 元 $+ W_{\text{基本2}} + W_{\text{调整}}$。

C.8 灌区工程管护人员配备

该灌区工程骨干渠道长度 $L = 50\text{km}$,管护人员标准为 4 人。

表 C.3 某灌区工程基本维修养护项目(二)经费计算表

编号	项目	单位	基准定额	工作(工程量)计算方法	工程量 G	经费(元) W=A×G
1	渠道工程维修养护			—	G	W=A×G
1.1	生产交通桥维修养护	元/座	等级六,550	按实有数量计算	G_1	W_1
1.2	闸阀门维修养护	元	5%	按闸阀门资产的 5% 计算	G_2	W_2
1.3	排洪沟维修养护	元/座	200	按排洪沟实有维修数量计算	G_3	W_3
2	灌区工程清淤			—		
2.1	明渠清淤	元/m³	35.54	按实有清淤数量计算	G_4	W_4
2.2	暗渠清淤	元/m³	53.31	按实有清淤数量计算	G_5	W_5
3	附属设施及管理区维修养护			—		
3.1	量测设施维修养护	元	10%	按量测设施资产的 10% 计算	G_6	W_6
3.2	信息化系统(通讯系统)维修养护	元	10%	按信息化系统(通讯系统)资产的 10% 算	G_7	W_7
3.3	防汛抢险消防物资保养更新	元	2%	按防汛抢险消防物资资产的 2% 计算	G_8	W_8

表 C.4 某灌区工程调整维修养护项目经费计算表

编号	项目	单位	基准定额 A	工作(工程)计算方法	工程量 G	经费(元) $W=A\times G$
1	水闸工程维修养护			—	—	
1.1	闸室清淤	元/m³	35.54	按实有清淤数量计算	G_1	W_1
1.2	自动控制设施维修养护	元	5%	按自动控制设备资产的 5%计算	G_2	W_2
1.3	自备发电机组维修养护	元	1%	按自备发电机组资产的 1%计算	G_3	W_3
2	泵站工程维修养护			—		
2.1	闸门维修养护	元/座	五等级,665	按闸门实有数量计算	G_4	W_4
2.2	自备发电机组维修养护	元	1%	按自备发电机组资产的 1%计算	G_5	W_5
2.3	自动控制设施维修养护	元	5%	按自动控制设备资产的 5%计算	G_6	W_6

表 C.4 某灌区工程调整维修养护项目经费计算表（续）

编号	项目	单位	基准定额 A	工作(工程)计算方法	工程量 G	经费（元）$W = A \times G$
3	机井工程维修养护	元/眼	二等级，4000	按机井实有数量计算	G_7	W_7
4	护渠林养护	元/株	5.27	按树木实有数量计算	G_8	W_8
5	渡槽安全鉴定	元		按有关规定执行		W_9
6	倒虹吸安全鉴定	元		按有关规定执行		W_{10}
7	隧洞安全鉴定	元		按有关规定执行		W_{11}
8	涵洞安全鉴定	元		按有关规定执行		W_{12}
9	附属设施及管理区维修养护			—		
9.1	护栏、围墙、爬梯、扶手维修养护	元/m	钢丝网护栏，200	按实有工程量计算	G_{13}	W_{13}
		元/m³	砖围墙，580		G_{14}	W_{14}
			钢爬梯、扶手，6500		G_{15}	W_{15}
		元/t	不锈钢爬梯、扶手，25000		G_{16}	W_{16}

表 C. 4　某灌区工程调整维修养护项目经费计算表（续）

编号	项目	单位	基准定额	工作(工程)计算方法	工程量 G	经费（元）W = A×G
9. 2	管理区环境维修养护	元/m²	6. 7	按管理区的面积计算	G_{17}	W_{17}
9. 3	生产管理用房维修养护	元/m²	40	按生产管理用房实有维修面积计算	G_{18}	W_{18}
9. 4	管理区道路维修养护	元/m²	135. 05	按道路实有维修面积计算（压实厚度 20cm）	G_{19}	W_{19}
10	渗池局部清淤	元	按有关规定执行,渗池局部清淤单价为 52. 7 元/m³(运距 5km)			W_{20}
11	其他	元	上述项目未考虑到,但符合灌区实际发生的项目和国家、省委、省政府确定的重点任务			W_{21}

参 考 文 献

[1] GB/T 1.1-2020 标准化工作导则 第 1 部分 标准化文件的结构和起草规则

[2] GB 50201-2014 防洪标准

[3] SD 139-85 水利经济计算规范

[4] SL 101-2014 水工钢闸门和启闭机安全检测技术规程

[5] SL 106-2017 水库工程管理设计规范

[6] SL 210-2015 土石坝养护修理规程

[7] SL 230-2015 混凝土坝养护修理规程

[8] SL 570-2013 水利水电工程管理技术术语

[9] SL 601-2013 混凝土坝安全监测技术规范

[10] SL 605-2013 水库降等与报废标准

[11] SL 706-2015 水库调度规程编制导则

[12] SLJ 702-81 水库工程管理通则

[13] SL/T 171-2020 堤防工程管理设计规范

[14] DB63/T 1789-2020 地方标准制定工作规范

[15] 关于印发《水利工程管理单位定岗标准(试点)》和《水利工程维修养护定额标准(试点)》的通知(水办〔2004〕307 号)